国家社科基金艺术学重大项目（项目批准号20ZD02）：国家文化公园政策的国际比较研究

国家文化公园管理文库
GUOJIA WENHUA GONGYUAN GUANLI WENKU

长城 国家文化公园：
保护、管理与利用

李　颖　邹统钎　付　冰 等◎主编

中国旅游出版社

《长城国家文化公园：保护、管理与利用》
编委会

主　编：李　颖　　邹统钎　　付　冰

副主编：梁玥琳　　程璐璐　　付　琦

成　员：刘博识　　徐丹丹　　陈新月
　　　　左　正　　邱子仪

前　言

　　自建设长城国家文化公园发展战略的提出至本书成稿时已有两年多的时间，长城国家文化公园在保护、建设、管理、利用等方面都已推进了一系列的工作。因此，在这个长城国家文化公园建设的关键时期，去回顾长城国家文化公园规划与建设过程，了解长城国家文化公园保护、管理与利用方面的现状与问题，并就长城国家文化公园建设给出创新性的建议和意见，总结长城国家文化公园建设过程中的经验，为国内外同类线性遗产的保护和传承利用贡献"中国智慧"和"中国力量"，就显得尤为重要并且恰逢其时。

　　本书旨在系统地梳理长城文化遗产的文化渊源，归纳长城文化遗产的自然及人文环境特征，借鉴国内外巨型文化遗产保护和利用的经验和机制，借助实地调研和线上调研相结合的模式，摸清目前长城国家文化公园在文化遗产保护、体制机制建设、法律法规制定、传承利用等方面的现状，总结长城国家文化公园建设存在的问题，并有针对性地提出建设性的意见和建议，为实现长城国家文化公园更好的保护、管理和传承利用提供智力支持。为国内外文化遗产保护提供经验借鉴。

　　本书是由北京第二外国语学院中国文化和旅游产业研究院资助出版。本书是北京第二外国语学院中国文化和旅游产业研究院国家社科基金艺术学重大项目"国家文化公园政策的国际比较研究"（项目编号：20ZD02）的成果之一。此外，本书还受到北京市社会科学基金青年项目"基于时空大数据的京津冀景点即时推荐研究"（项目编号：20GLC064）、资源与环境信息系统国家重点实验室开放基金项目"中国旅游城市高时空分辨率 PM2.5 人口暴露风险研究"、国家自然科学基金项目"基于地格视角的旅游目的地品牌基因选择研究"（项目编号：71673015/G031031）、北京第二外国语学院青年学术英才计划"基于大数据和遥感技术的旅游城市小时级旅游适宜度预测研究"、北京第二外国语学院科研启航计划项目"旅游城市霾人口暴露风险动态评估研究"（项目编号：KYQH20A011）的共同支持。

本书由李颖和邹统钎设计框架体系，由付琦撰写第一章，付冰、刘博识、徐丹丹撰写第二章，程璐璐撰写第三章，邱子仪、李颖撰写第四章，李颖、邹统钎撰写第五章，左正、李颖撰写第六章，梁玥琳、陈新月撰写第七章。衷心感谢付冰、梁玥琳、付琦、程璐璐、刘博识、陈新月、徐丹丹等各位老师和同学在本书撰写、修改、完善过程中付出的辛勤努力和智力贡献。特别感谢邹统钎教授在本书体系构建、调研支持等方面给予的帮助和支持。

编者

2021 年 11 月

于北京

目 录

第一章　长城的历史变迁与文化价值

付　琦

长城，是我国现存规模较大的文化遗产，历史地位卓著，文化价值非凡。作为古代社会最宏伟、修筑时间最长的军事防御工程，长城与洛阳龙门石窟、乐山大足石刻、北京故宫博物院、敦煌莫高窟、秦始皇陵兵马俑等于 1987 年共同入选世界文化遗产。而今，长城凝聚着中华民族自强不息的奋斗精神和众志成城、坚韧不屈的爱国情怀，已经成为中华民族的代表性符号和中华文明的重要象征。梳理历史发现，长城最早出现于东周时期，经过朝代的更迭与岁月的洗礼，其文化内涵不断丰富扩充，文化价值逐渐鲜明。本章主要围绕长城的历史变迁、文化内涵及长城精神的当代价值展开。

第一节　长城的形成与发展变迁

一、长城的形成：春秋战国长城

春秋战国时期，即公元前 770 ~ 公元前 221 年，是我国第一次大分裂时期，各诸侯国群雄纷争，诞生了春秋五霸与战国七雄。诸侯国之间冲突不断，基于攻防的需要，一些诸侯国修筑了或基于国界、或因地形等的一系列防御工程，其中最典型也最常见的就是长城。2019 年，国家文物局和文旅部共同印发《长城保护总体规划》。该文件指出，春秋战国时期长城是我国北方的地缘政治及其变化的见证，今河北、河南、山东、陕西、甘肃、内蒙古等省份留有遗存，包括齐、楚、燕、赵、魏、秦、中山等国长城，墙壕遗址总长约 3100 千米，现存墙壕遗存近 1800 段，单体建筑遗存近 1400 座，关、堡遗存约 160 座，相关设施遗存 30 余处，多以毛石干垒、土石混筑、砌筑或夯土构筑。

（一）齐长城

齐国是春秋时期第一个中原霸主，齐桓公死后，齐国势力衰落，北有燕，南有鲁，西南有曹、宋，西有卫、晋，诸强环伺，修筑军事防御十分必要。齐国东有大海、北有山岭，均有天险可守，唯有西面与南面为冲积平原，地势平坦。春秋时期车战盛行，齐国西面与南面不易防守，并且宋、鲁、卫等国皆臣服于晋，同晋伐齐，使齐国备感压力。因此，修筑西南边境的防御工事便成当务之急。史书记载，晋侯伐齐于"冬十月"。齐侯御敌，"堑防门而守之广里"，由此可知，齐国最早在西南边境的防门修筑防御工事以抵诸侯之师。战国初年，齐国南部边境有莒、越及楚等国。及至越灭吴后，势力已至琅琊地区，成为齐国的严重威胁。战国中晚期，齐国日益衰落，"田氏代齐"后大规模修筑长城以御楚国。综上可知，齐长城是春秋战国时期齐国历代国君为抵御邻国护卫国家而建，至齐宣王时基本修筑完成。结合考古勘察与相关文献研究得知，齐长城西起黄河，东至黄海，蜿蜒千里。

（二）楚长城

楚长城也是较早的长城，肖华锟在《中国最早的长城——南阳楚方城》中指出，春秋时期的南阳楚长城是中国长城的发祥地。楚长城，史称"方城"，史书记载，在楚盛周衰之时，楚欲争强诸国，所以多筑列城于今河南省叶县一带，"以逼华夏"。楚长城的修建史，也是一部楚国防御强大和实现扩张的历史。楚国雄心勃勃，欲称霸中原。基于"慎其四境、守在四境、完其守备，以待不虞"的军事防御思想，楚国修筑长城，既能防御较为强大的诸侯邻国，又能实现楚国扩张。据《郧阳府志·竹溪地理卷》记载，楚庄王灭庸后，修筑长城并连接山脊，以军事防御和天然屏障为依托，作为对抗秦国的前沿阵地，史称"楚长城"。2008 年河南省文物考古研究院进行了豫南地区楚长城资源调查，发现楚长城由人工墙体、关堡、城址、烽燧、古道及自然山险、河流等构成，局部存有兵营遗址等。

（三）赵长城

公元前 403 年，韩、赵、魏三家分晋，赵国分得晋国东部和北部的领土，周威烈王始命赵烈侯赵籍为侯。经历几代的努力发展，到赵武灵王、惠王时期，赵国的疆域达到历史上的最大范围，跻身强国之列。当时，赵国西越黄河与秦为邻，南有漳河与魏为邻，东有清河与齐为界，北有易水与燕接壤，西北傍阴山与匈奴、林胡、楼烦接界。疆域在今河北、山西、陕西、内蒙古等省份部分地区。赵国曾一度雄心勃勃，与秦对立争霸数十年，尤其是赵肃侯与赵武灵王期间，赵国内固疆土，外求发展，修筑了南北两条长城，即赵长城。

据史料记载，赵肃侯在位 24 年，期间夺地平叛，征战诸侯，在诸侯国混战争霸时守稳了赵国。为抵抗西北地区林胡与楼烦这两支少数民族的侵扰，在赵国西北边境修筑了长城，即赵北长城的一部分。考古发现，该段长城主要在山西境内，总长约 350 千米，现存遗址 50 多千米，多以石头筑成，间以黄土夯筑。此外，赵肃侯为防御魏国，还修建了赵南长城。赵肃侯在位时，赵国与魏国冲突不断，爆发大小战争多次，总体而言输多胜少。赵国南境地处现今冀豫两省交界处，魏国北部军事重镇之一黄城靠近漳水，漳水之北是赵国邯郸城，这一情形对赵国威胁重大。公元前 333 年，魏齐两国互尊为王，引起赵肃侯不满。《史记·赵世家》中有"（赵肃侯）十七年，围魏黄不克"之说，赵肃侯围攻黄城，欲缓解其对邯郸的威胁，然而久攻不克，难以取胜。为了防御魏、齐的反扑，赵国迅速采取防卫措施，随后就修筑了南界上的长城。据考古勘察，在今河北省临漳、磁县一带发现了赵南长城的遗迹，全长约 200 千米，而且不同段长城有不同的走向和背景。赵南长城沿线遗址主要有平定长城遗址、豫北、冀南长城遗址等。

赵武灵王年少登基，被林胡、楼烦、鲜于等少数民族所扰。当时中原地区天下大乱，赵武灵王将目光转向了少数民族地区，在国内施行胡化改革，推行胡服骑射政策，军事国防力量得到很大的提升。赵国随后先灭鲜于中山国，后打败宿敌北方林胡与楼烦等族，拓展了疆土，并在今内蒙古等地设置云中郡、雁门郡等。为防止北部少数民族的反击，赵武灵王大规模修建长城，史料记载其"自代至阴山，至高阙为塞"。

（四）燕长城

战国七雄中，燕国居于诸侯国的东北方。据史料记载，燕国的疆域东临今渤海，北接东胡等少数民族，西有赵、秦，南有齐。群强环伺，所以燕国为了防御外来的侵扰，修筑燕长城，其主要分布于今黑、吉、辽、京、冀与内蒙古地区。

就整个战国时期各诸侯国地理位置而言，秦、赵、燕等国地处北方，与匈奴、东胡等少数民族毗邻。对燕国而言，北方威胁较大，主要是强大的东胡、山戎等族。燕国国力较弱时，时常为其所扰。这一情况直至燕国大将秦开时方有转变。据《史记》记载，燕昭王时期，秦开打败东胡，将燕国的疆域扩充了千余里，为巩固疆域，燕国设置上谷、辽西、辽东等五郡，并修筑长城。后经学者比对，史上在东北地区修筑长城、设置郡县，以燕国为最先。有关学者将这一长城命名为燕北长城，主要分布于今内蒙古、黑龙江、吉林、辽宁、北京等地区，后来为秦始皇所完善，现存有赤北长城、赤南长城、老虎山长城等。

燕昭王时广纳贤才，任用乐毅、秦开等人，励精图治，燕国国力强盛，盛极一时。燕昭王设燕下都，处今河北易县境内。燕下都的南方即为齐国等国。为了防止齐国和其他诸侯国的进攻，燕国修筑长城与易水相接，形成一道军事防御体系，史称燕南长城，又称易水长城。根据现有考古结果可知，燕南长城的总体大致走向基本就是以易县为起点，向东而行，末段因防洪筑堤而湮没，旧址不可考；燕南长城现存遗址多处。

（五）魏长城

魏文侯首开战国时期改革先河，敬贤亲士，兴修水利，发展经济。魏国国力鼎盛一时，为战国七雄之一，其疆域横跨今山东省、河南省、河北省、山西省、陕西省等。至魏惠王时，魏国国力逐渐衰弱。与此同时，秦国夺取河西地区，不断侵扰东边的魏国。出于战争防御的需要，魏惠王之后，魏国开始修筑长城。魏国所筑长城，主要是河西长城、河南长城。河西长城在西境，因在黄河之西，故称河西长城或河右长城；另一处在今河南境内，因在古黄河之南，故称河南长城。

关于魏长城的筑造年代、修造原因等内容在古代史籍中有所记载。其中，魏国在河西修筑长城，与其所处的时代背景有关。秦晋自公元前627年后的70多年中，爆发了多次战争，晋国取得了秦国的河西地区。后来晋国衰落，三家分晋后，魏国得到了河西地区。秦为争霸向东扩张，对魏国征战。此时魏国国力不及秦国，为了避其锋芒，魏国修筑长城。然而这个庞大的防御工事也未能阻止秦人吞并的脚步，没有挽回魏国衰败的局势。根据考古发现，魏河西长城遗址包括华阴、大荔、白水、黄龙、富县等段，其中有部分遗址保存较好。魏国修筑河南长城的主要目的是抵御韩国，并保卫其都城大梁。据史料记载，魏河南长城始于今河南阳武县，经中牟入新密市，现存遗址多处。

（六）秦长城

秦国，原是周朝在中原西北地区的一个诸侯国，曾是春秋五霸之一。秦穆公之后，秦国国力下降，经济落后，常有内乱外忧。三家分晋后，魏国魏文侯任用贤能，改革变法，国力日盛。秦魏多次交战，魏国大将吴起带兵攻入关中地区，秦不能敌，失去河西之地，亡国威胁极大。后来魏国与其他诸侯国结怨，才使得秦国得以喘息。此外，秦国还面临西北部少数民族的侵扰，尤以匈奴、北戎为甚。秦孝公面对国家衰落实施改革，任用卫鞅进行变法，秦国国势日盛。秦昭王时，任用范雎、白起等人，实行远交近攻政策，先后打败三晋、齐、楚等国，领土不断扩大，尤其是灭掉了北戎中最为强盛的义渠一支，为防其反复，也为了防卫以咸阳为中心的关中平原，秦昭王便在陇西等郡修筑长城。此为后人所知的秦昭王长城。

经考古调查发现，秦昭王长城先后经过今甘肃、宁夏、陕西省、内蒙古等部分地区，走向与当时的秦国西、北国境线大体一致，同时也是西北段的农牧业分界线。秦昭王长城因地形而建，类型多变，颇具特色。因地形而建，指多利用险要地势，如甘肃定西地区相对平缓，都建筑高厚的城墙，为增加城墙高度，外辅以堑壕，截断匈奴进出之路。此地城墙多以黄土为主要夯筑材料，而陕西省神木市与榆林市的长城，城墙多以石头为主要原料；同时以沟为天堑，辅以墩台、瞭望台、烽燧等工事；并配备内城、外城等。在此基础上，配以大量士兵戍守边防，构成了一套完整的军事防御体系。军士戍边，开荒生产，加速了边区的经济开发，也加速了秦戎间的民族融合，影响深远。

（七）中山长城

春秋晚期，北方游牧民族白狄（又称鲜虞）在今河北唐县称中山国。战国时，中山国处于诸侯国之间，国土面积较小，一度与邻国交战，被相邻诸侯国视为心腹大患。后来魏文侯任用大将乐阳、吴起带兵，攻占中山国。后来中山桓公复国，国力达到最强。此时赵国虎视眈眈，中山国为防强赵，在南方修筑长城，即为中山长城。20世纪90年代，河北省文物工作者在唐县北店头乡蔡庄村发现中山国古长城。后经考古调研发现，这段处于太行山区涞源县、唐县、顺平县、曲阳地区的长城，总长约89千米，是为中山长城。中山长城以主干城墙为主体，在城墙内辅以屯兵，共同构成一道严密的防御体系。

二、长城的发展变迁

自春秋战国到清朝，诸多朝代出于军事防御等的需要，都对长城进行了新修或者补修，历史上较为显著的有秦汉长城、明长城、金界壕、清柳条边等。而这其中大多数都和北方的游牧民族南下有关。游牧民族的诞生不及农耕民族早，其民族特性大不同于农耕民族。他们以畜牧业为主、逐水草而居，因畜牧而精骑射，可以说是马背上的民族。他们颇具进行游击战的天赋，打得过就打，打不过就跑。这对定居求稳的农耕民族而言，非常不利。由此，长城可以看作农耕民族与游牧民族之间不断冲突的产物，它的作用在于最大限度地降低农耕民族的不利条件，以逸待劳地对抗游牧民族。这是两千多年来我国一些封建王朝不断修建长城的原因。其中，以秦汉长城、明长城最为显著。《长城保护总体规划》指出，秦汉长城是我国历史上第一个大一统时期的重要产物，见证了公元前 3 世纪至公元 3 世纪我国北方农耕文明与游牧文明之间第一轮大规模冲突、交流与融合，自此产生了一整套国家军事防御制度以及与之相应的工程技术体系。

（一）秦万里长城

战国末年，秦国经过几代人的努力，国力鼎盛，秦王嬴政在李斯等人的协助下，远交近攻，历时 10 年，先后灭掉韩、赵、齐等六国，建立起统一的中央集权国家，即秦朝。而秦国北方的匈奴灭掉了东胡，趁秦灭六国无暇北顾之时，大举南下，越过阴山占领了河套平原及河南地。秦朝建立后颁布了一系列改革措施来巩固政权。公元前 215 年，秦始皇以蒙恬为大将，率领三十万军队北征，收复河南地区，使匈奴退走。然而匈奴是我国历史上著名的游牧民族，精骑射善游走，打败他们容易，灭掉他们很难。公元前 214 年，匈奴不甘失利，利用骑兵行动迅速的优势，不断侵扰秦朝边境。秦始皇又派蒙恬率军北渡黄河，深入阴山、贺兰山等地，并于阳山、高阙等地与匈奴领袖头曼单于的部队相遇。秦军优势明显，连战连捷，匈奴不敌败走，退到阴山以北的漠南一带游牧。此后，蒙恬率大军驻扎北境，对匈奴形成威慑。秦始皇在河南地设立九原郡等，设置多个县，于公元前 211 年使大量民众北迁此地。此地即现在的河套地区，土地平整肥沃，易于耕种，能解决当地驻军的粮食问题。民众移居此地后，耕种劳作，经济发展，人口众多，河套地区得到大开发，成为秦朝抵御匈奴的后方基地。然而无论是派兵征讨，还是屯兵防守，都难以应对匈奴骑兵速度快，有利则战、不利则退走的特点，又因秦国北方边境线太长，易攻难守，大规模驻兵并不现实。如果爆发大规模战争，北方地区远离中原，仅仅是战略物资输送就是个巨大的难题。当时秦朝刚建立，局势不稳，南有百越，北有匈奴，不宜大规模开战。于是秦始皇采取了李斯的建议，采取以城墙防匈奴骑兵的策略，重新修葺和增筑战国时期秦、赵、燕三国北边的长城，以防匈奴南下骚扰，此长城西起临洮东至鸭绿江，共修筑万余里，故史称"万里长城"。

学者们认为，秦长城大体分为东、中、西三段。董耀会（2004）提出，秦始皇长城西起于今甘肃省岷县，循洮河向北至临洮县，由临洮县经定西市南境向东北至宁夏固原市；由固原向东北方向经甘肃省环县，以及陕西省靖边、横山、榆林、神木，然后折向北至内蒙古自治区境内托克托南，抵黄河南岸。除此之外，黄河以北的长城走向为：由阴山山脉西段的狼山，向东直插大青山北麓，继续向东经内蒙古集宁、兴和至河北尚义县；由尚义向东北经河北省张北、围场，再向东经抚顺、本溪向东南至通化，终止于朝鲜平壤西北部清川江入海处。

学者们研究发现，秦始皇长城并非连贯一体，在筑城墙和屯兵之外，也凭借天险，比如黄河、崇山峻岭等，这一点在秦朝西段长城表现较为明显。西北段长城过甘肃、宁夏和内蒙古三省份，修筑时多以地形为主要参考，在平坦之地筑高墙，较缓的斜坡地带依据地势走向修建城墙并置烽火台，在悬崖深谷地区，多以本身之险来防御。筑墙材料多就地取材，在山地地区多由石块垒砌，墙体较小，地势平缓地区多以夯土版筑，墙体高大。

从秦朝的历史看，秦朝自蒙恬大败匈奴后，直至秦亡，一直未有匈奴大举进犯，这其中长城的作用巨大。秦军受中原军事指挥思想指导，擅长互相配合、集团作战，但当时秦军受制于马匹装备，地形限制因素较大，机动性差。而匈奴则精于骑射，机动性强，但并不善于攻城。

长城使匈奴骑兵的活动受到限制，而秦军则守御有余，可以逸待劳，化短为长。总而言之，秦始皇修建的万里长城，不仅是我们中华民族的瑰宝，而且也是世界建筑史上的奇迹，更是我们中华民族辉煌历史与灿烂文化的象征。它一方面抵御了匈奴的边境侵扰，保证了秦朝的安定与稳定；另一方面大规模的移民戍边对边境地区尤其是河南地区的开发起了重要作用。但应该看到，秦始皇为修筑长城，大规模征兵，使得秦朝百姓生活压力巨大，这一繁重的建筑工程，也给当时的人们带来了极大的痛苦。

（二）汉长城

汉长城包括西汉和东汉时期的长城。东汉时期，由于内部政局稳定和国力减弱，修建的长城较之西汉较少。因此，今日所说的汉长城主要是西汉长城。西汉修筑长城，与西汉王朝与匈奴的互相征战与冲突密不可分。

　　与北方、西北游牧民族的冲突与战争是汉朝修建长城的根本原因。匈奴原是蒙古高原游牧民族之一,自战国末年至秦朝时,就与中原政权战事频繁。秦汉之际,匈奴雄才大略的头领冒顿单于杀父夺位,统一匈奴各部,先灭东胡,后又征服楼兰、乌孙、呼揭等族,北征南侵,疆域南起阴山、北抵贝加尔湖、东达辽河、西逾葱岭,国力鼎盛。汉朝初年,日益强大的匈奴不仅越过蒙恬所筑长城,还越过战国时的秦、赵、燕长城一线,不断侵扰北部边境。汉高祖反击匈奴被围白登山,双方僵持七个昼夜,是为著名的白登之围。脱困之后汉高祖采取“和亲”政策,将公主嫁于单于,以换和平。然而效果并不显著,双方仍有冲突,但“和亲”政策为西汉赢得了休养生息的时机。经过“文景之治”后,西汉国力有所上升。汉武帝时西汉国力强大起来,具备了与匈奴交战的条件。汉武帝时期,匈奴常以骑兵犯北境,骚扰农耕并劫掠财粮牲畜。公元前129年,汉武帝开始了长达44年的抗击匈奴之战,其中最为有名的就是河南之战、漠南之战、河西之战和漠北之战。汉朝大将卫青取得河南之战胜利,收复河南地,汉朝设置朔方、五原两郡,迁移内地居民十余万驻守朔方城屯田戍边。这一时期主要修复战国时期的秦长城,主要是秦阴山北麓长城及东部部分路段,使得河南地成为反击匈奴的重要基地。这一段长城是修缮利用前代长城的典范。河南之战后匈奴反击,欲夺回河南地。汉朝派卫青率军进入漠南,在严密的军事部署下取得漠南之战的胜利。经过河南、漠南之战,汉朝巩固了边防,并为河西之战赢得了条件。河西之战,是汉朝为巩固政权、打通河西走廊之战,西汉大将霍去病等人率军出征,全部收回河西走廊并大败匈奴,削减了匈奴的实力。此战之后,汉武帝移民武威、酒泉两郡,发展经济,同时修筑了东起令居(今永登县)黄河之边,而后沿河西走廊,西达酒泉北部的“令居塞”长城,这是汉朝修筑的河西长城的第一部分。漠北之战,卫青、霍去病等人击败匈奴,彻底削弱了匈奴实力,使得“是后匈奴远遁,而幕南无王庭”。随后,汉武帝迁乌桓人驻防,并开始修缮秦朝万里长城。公元前108年,汉武帝派兵击破姑师、楼兰,在酒泉到玉门关一带增筑河西长城。公元前101年,西汉讨伐大宛之后,修筑了从玉门关到今罗布泊的长城。至此,河西走廊长城修筑完毕。

此后，西汉联合河西长城，修筑了一条西达新疆库尔勒、北至蒙古国境内、东至今朝鲜平壤的"外长城"，它是集各种险要地势和墙体、烽燧、城郭、堑壕、水门等建筑于一体的庞大军事防御工程。汉长城的因地制宜特点明显，城墙修筑时多就地取材，以沙、石、土为主要原料。此外，因开发作用与防御作用的重要性不同，长城的建设也不同。比如，河西地区水草丰沃，适合农耕，所以汉朝以设郡县、移民屯田为主，长城的主要作用保护开发地，城墙修筑较为高大连贯；在新疆、朝鲜等地，防御作用居多，因此多以烽燧取代墙体。通过修缮旧长城、新建"外长城"和河西长城，汉朝获得军事上的防御主动权，还确保了西域的顺利开发和丝绸之路的畅通。

至唐朝时，汉长城仍在军事运输上、边疆安全上发挥着作用。汉长城不仅防御了匈奴，还巩固了政权稳定，同时在布局手法和构造形式上也对后世影响深远。

据考察发现，秦汉长城现存墙壕遗存2100余段，单体建筑遗存近2600座，关、堡遗存近300座，相关设施遗存约10处，另有成体系的汉代烽火台遗存。其工艺以土墙、石墙为主，甘肃西部等地以芦苇、红柳、梭梭木加沙构筑方式较为常见，烽火台除黄土夯筑外，还有土坯或土块垒砌的做法。玉门关以西至新疆维吾尔自治区阿克苏市地区，连绵分布有汉代烽火台遗存。

（三）魏晋南北朝时期的长城

1. 北魏长城

公元398年，鲜卑族拓跋部首领拓跋珪在今山西大同建立政权，史称北魏。在进入中原建立政权之前，鲜卑族拓跋部也是长城主要防御的对象之一。当他们成为农耕地区统治者后，其经济类型也转化成以农耕为主体，此时边境问题也同样出现了。逐渐强大起来的北方游牧势力柔然族的南下攻扰，成为他们必须面对的新问题。柔然民族为南北朝时期活动在蒙古草原上的少数民族，中原文献称柔然为蠕蠕。北魏为防御柔然修筑了长城。《魏书·蠕蠕列传》记载：势力强盛时其疆域"西则焉耆之地，东则朝鲜之地，北则渡沙漠、穷瀚海，南则临大碛"。北魏与雄踞漠北地区的柔然部族多次爆发冲突。为此，北魏政权就依照先前中原王朝的做法，在其北境构筑长城，提高防御能力。北魏长城自今河北省起到内蒙古地区，长约1000千米，配套设置军镇，并派军队戍守，以抵抗柔然。值得一提的是，后来，北魏太武帝曾以少胜多大破柔然，使得柔然不敢南下，有力地稳定了北境地区。

2. 北齐长城

北齐是北朝时构建长城次数最多、调动人力最众、长城分布最复杂、长度最长的王朝。550年，北齐取代东魏建国，占有今黄河中下游地区的河北、河南、山东、山西及皖北等地区，是一个地方性政权。552年，北齐击败库莫奚、契丹、柔然、山胡等族，这一时期国力鼎盛。后来国力衰落，面临来自各个方面的威胁，蠕蠕（即柔然）寇其北，后周伺其西，一不小心便有国破家亡之患。处于这种环境下，北齐不惜巨资，屡兴长城之役，北筑以拒胡，西筑以防后周、山胡等，前后共修筑了5道长城。北齐长城纵横数千里，工程之大，在长城修筑史上也并不多见。同时有学者根据考古与文献研究发现，北齐长城可分为北齐西线长城、内线长城、南线长城、外线东段与西段长城等。段清波（2014）指出，北齐的西线长城南起汾阳西北的黄栌岭，沿着汾河西岸的吕梁山主脉逶迤向北，至五寨县城南面而止，呈南北走向，用来防御北周和山胡的进攻；北齐内线长城主要经过今山西、河北、北京等地，修筑于山脊之上，地势险要，主要为保卫陪都晋阳北部的安全；北齐南线长城位于国都和陪都的南面，主要用来防御北周的进攻；北齐外线长城是北境长城的重要组成部分，主要用来防御匈奴。北齐存国20余年，其修筑长城的历史贯穿始终。此外，东魏、北周时也曾修筑长城，以防山胡、柔然等少数民族。

（四）隋唐长城

突厥，原是柔然炼铁奴，因其所在地阿尔泰山的山形而得名。隋朝初年，突厥与隋朝互相交战多次，历时20余年。581~582年，突厥联合北齐旧部入侵隋朝，隋文帝令边防加强戒备，加筑长城，并派大将驻防幽州（今北京市）、并州（今太原市）和大兴城（今大同市）。然而，突厥攻破了北方长城，击败了隋朝，掠夺陇西一带。此后，隋朝发动反击，大获全胜，突厥分裂为东西突厥两部分。史书记载，隋文帝为防突厥，完善并修葺了北方长城。隋长城主要由前朝长城与新修长城构成。隋长城东段基本沿用北齐长城进行修缮利用，西段北线长城主要沿用秦汉长城。史籍中有"司农少卿崔仲方发丁三万，于朔方、灵武筑长城"，就是说隋朝完全新修的长城。

唐朝是我国封建王朝的盛世。唐朝时，民族政策开明，无番汉之别，用人方面不拘一格。史书记载，唐朝周边有突厥、回鹘、吐蕃等民族，唐初为了消灭其他势力完成统一，曾修筑一些防御工事。唐代的长城主要分为两类：一类是修缮利用前朝长城，另一类为唐所兴筑的长城。唐代初期，并未新筑长城，而是对早期的长城加以修缮利用。到唐中期，唐与周边少数民族关系恶化，为了防御侵扰，也修建了一些防御设施。历来学者对于唐代是否修有长城的问题，争议较大。

（五）辽长城

辽王朝存在 200 余年，国力鼎盛时，周边的高丽、西夏等政权皆归顺。为防御渤海国、女真和乌古敌烈等部，辽王朝曾在今黑、吉、辽及内蒙古等地建立大规模防御工事。据史学家考证，辽长城包括辽镇东海口长城、松花江相关防御工事和辽漠北边壕。其中，关于镇东海口长城，有学者认为，此长城主要为切断渤海国与中原的联系，以御渤海国。考古调查发现，大连市区之北、金州古城之南，有一长城遗存，整体呈东北—西南走向，部分保存完好，部分毁坏殆尽。

（六）金长城

界壕即为金代的一种防御措施，为金朝长城的另一说法。金界壕主要分布在我国的东北、北部地区，大致经过黑龙江省、吉林省、内蒙古自治区、河北省四省区，其功能主要为防御北方民族尤其是蒙古族的侵袭。金界壕的结构一般为墙、壕共存，又因为具体的地形只建墙或者壕。修建墙体时多就地取材，以土筑与石筑最为常见。金界壕处于我国长城建设的成熟阶段，具有承上启下的作用。作为我国古代少数民族建设的伟大工程，金长城既是战争防御的需要，也是民族文化融合的体现。《长城保护总体规划》中指出，金界壕是我国历史上金代建设的军事防御工程，见证了我国东北地区公元12世纪游牧与渔猎两种不同产业、不同部落之间的冲突、交流与融合。墙壕遗址总长4000余千米，主要分布于今河北省、内蒙古自治区、黑龙江省3个省份。现存墙壕遗存1390余段，单体建筑遗存近7700座，关、堡遗存近390座，多以土石混筑、砌筑或夯土构筑。金界壕主要分布区域为我国内蒙古高原东部。该区域以中温带半干旱气候的游牧地区为主，东北部兼有少部分中温带亚湿润气候的渔猎地区。历史特征主要表现为我国东、北部地区渔猎民族与游牧民族的冲突、交流与融合。

（七）明长城

中国历代长城，以明代万里长城保存最为完好，现存的北京八达岭长城、慕田峪长城、河北山海关长城、甘肃嘉峪关长城等，都是明长城的遗迹。

明长城的修建史既是明朝国力强衰转变史，也是明朝与蒙古关系的缩影。明朝初期，即明太祖至明成祖时期，明对蒙古政策以积极进攻为主。明朝初期，朱元璋提出"有为患中国者，不可不讨"和"不征"的策略，一方面，修缮北齐长城，局部城墙以石墙强化，增建戍堡、壕堑等，又修建居庸关、山海关、嘉峪关等，以强化军事防御。另一方面，先是派遣大将徐达、常遇春率军打败北逃的蒙古，使之退守漠北，随后都进行多次大规模北伐，使得蒙古在漠北的统治瓦解。明成祖五次大规模北伐蒙古，使得蒙古对明朝朝贡称臣。历经太祖和成祖北伐之后，明朝因大规模征战而国力不足，因此从明宣宗开始，对蒙古的态度转向积极的防御，建立了以北京为中心以九镇为重点、以长城为线的点线面的防御模式。此后明朝国力衰落，实力下滑。明英宗时期，蒙古鞑靼部崛起，经过几十年整合，实力渐强，对明朝的威胁极大。就整个长城区域的军事形势而言，明蒙关系日趋紧张，冲突不断。土木之变后，明朝将"守为长策"作为国防战略，转向全面防守状态。而经此一役，蒙古鞑靼部也实力大降，随后明朝和蒙古达成和解，不再大规模爆发冲突，经济上开始互市交流。双方关系互市贸易，大部分在长城一线，以茶叶、盐、丝绸和马匹为交易对象，双方基本维持和平。明朝后期，女真族崛起，严重威胁东北。皇太极改号大清后，女真族与明军在辽东长城之内交战频繁。明朝修建长城的重心随之东移，重点是重建与修筑蓟镇和辽东镇长城，在山海关修筑的防御工事，城堡相连，烽火相望，纵深相济，以屏蔽京师。然而长城面对小规模的女真散兵游勇作用显著，在大规模的进攻下力有不逮。历史上清兵曾四次突破长城防线，以破坏和掠夺为目的，极大地消耗了明朝的经济实力与有生力量。为抵御女真，明朝举国之力在辽东筑城堡，修工事，运粮饷等。为支付辽东巨额军费，明屡次加税，"三大饷"对社会经济破坏极大，农业生产急剧下降，百姓流离失所，哀鸿遍野，其后民间起义不断。内忧外患之下，长城失去了作用，明朝迅速灭亡。

明长城继承了之前的长城建设水平，它西起内陆的祁连山东麓甘肃嘉峪关，东至沿海鸭绿江畔辽宁虎山，东西跨度巨大，是长城史上工程最大、防御体系与建筑结构最完善的建筑工程。明代将北边全部长城分成不同的段落，归属不同的军镇管辖，设置九边重镇，即辽东、宣府、蓟州、大同、太原、宁夏、固原等。后来增置真保镇等，先后总计设有 13 个军镇。明朝设九镇之后，又将其分为三大区，一是加强京师防御的蓟、辽、真保镇长城，二是前沿阵地宣府、大同和山西三镇长城，三是西北边陲陕西三边四镇长城。

1. 辽、蓟、真保镇长城

明长城辽东段，在今辽宁省，作为明朝的守疆防御战线，是明朝自始至终都在修建的长城，一方面防御退守漠北的元朝残余势力的侵扰，另一方面防御于东北兴起的建州女真的侵袭，其地位和作用较为重要。辽东镇长城主要为河西长城和河东长城。以辽河为界，辽河以西即河西边墙，用以防御辽西走廊北方的蒙古部族，维护这条通道；河东边墙则是明朝用以防御日渐强大的建州女真。现今遗存中有九门口长城。

蓟镇地界主要包括今天河北、天津、北京等地部分地区，主要包括蓟州、永平、昌平、密云四地。作为京师北屏，蓟镇位置尤为特殊，北与蒙古接壤，为极冲之地，成为九边之一。昌平镇分蓟镇之西部而设，其辖段因比宣府长城靠内，所以称为"内长城"。山海镇是分蓟镇东部而设，重点在辽西走廊的山海关，不直接对外，而是作为辽东镇的第二防线。蓟镇河流众多，关隘密集，所辖地在京城东、西、北三面，所筑城墙最为牢固，驻防官兵人数、马匹数量等配置皆居九镇之首。蓟镇曾由名将戚继光驻守，而今所留长城遗存保存较好。

真保镇，又名保定镇，主要包括今天河北省保定、石家庄、邯郸等地，下辖内三关的紫荆关与倒马关，主要用于防御蒙古，它北接昌平，重点在于加强太行山的防御性能以拱卫京师。

2. 前沿阵地宣府、大同和山西三镇长城

宣府镇，地界相当于今天北京北部和河北张家口市，被喻为"身之肩背，室之门户"，顾祖禹形容其"南屏京师，后控沙漠，左扼居庸之险，右拥云中之固"，是保卫京都，防御蒙古族南下的咽喉之地，为边陲锁钥重地。宣府镇处于蓟镇与大同镇之间，其长城与此两镇相接，东西走向，主要分布于燕山之中沿洋河北岸。大同自居庸关以西，分南北两线到山西偏关汇合，被称为内、外长城。宣府镇连接内外长城，与蓟镇昌平长城、真保镇长城互为表里，常屯有重兵。较为著名的有张家口长城。

大同镇，又称"大同边"，相当于今山西省大同市、朔州市北部及呼和浩特市和乌兰察布市南部，居九边之中，东西有宣府镇与山西镇，地理位置重要，被称为"极边"，是防蒙古南下的第一道防线。大同镇长城主要修建于阴山山脉上，东起今山西天镇县东北，西至今内蒙古清水河县，属于外长城。大同镇长城设有内五堡、外五堡、塞外五堡，大同市内现有明长城遗存 300 余千米。

山西镇，又名太原镇，处于宣府镇、大同镇之内，又被称为内长城，其下辖有"外三关"偏头关、宁武关和雁门关，又称三关镇。山西镇长城西起今山西河曲旧县城，东接太行山岭之长城，为防游牧民族骑兵绕出太行山危及京师而建。山西镇长城始建于宣德年间，后来明朝对其不断增筑，其中西段长城防御任务较重，多倚山而建，筑有多道边墙，城墙以石筑为主。

3. 西北边陲陕西三边四镇长城

延绥镇，又称榆林镇，处于河套地区，地处黄土高原，北邻沙漠，此地明蒙交战较为频繁，为防蒙古经河套地区侵扰关中，明朝曾多次在此大规模修筑长城。榆林镇长城下辖多处城堡，以神木、榆林和定边等较为重要。榆林长城一方面利用自然山险，另一方面高筑城墙。该地城墙因地制宜，多取用黄土和沙石，以夯土为主，只以砖石强化营堡和敌台、马面外侧，修有两道边墙，以提高防御力。

宁夏镇，位于今天宁夏回族自治区境内，主要作用是保护宁夏平原，维护这一地区的农耕稳定，因此，此处长城围绕宁夏平原而建，作用与榆林长城一致。宁夏长城分为东、西与北三道边墙，其中河东墙高墙深沟，北边墙与西边墙分别依托石嘴山与贺兰山等。

固原镇，位于六盘山下清水河谷，为北方游牧民族南下进入关中的必经要道，为极冲之地，属九边之一。因此，明朝将三边总制府设于此。固原镇长城东起延绥镇，西北抵红水堡西境，城墙多就地取材，现今大部分坍塌严重。

甘肃镇长城，为拱卫河西走廊而建，东南起自今兰州黄河北岸，西北至嘉峪关讨赖河一带。此段长城较长，穿过黄土区、沙漠、戈壁等，地形复杂，城墙材料多变，城墙形制不一。虽经风沙剥蚀堆埋，仍有遗存。

三大防区、九边重镇建立后，明朝形成以边墙、关塞堡墩为基础的防御体系，辅以明朝军制。九边军镇最初只是一种临战体制，后逐渐具备军事及行政管理职能，这是军事布防体系发展完善的结果。明朝长城是古代长城的集大成者，具有鲜明的特点。其一是以城墙为线，以关城为重点，形成以点护线、点线结合、相互策应的防御体系，著名关隘如内外三关、山海关、居庸关等；其二是因地制宜，重点布防，形成多道城墙并行的纵深防御体系，如宣府镇与大同镇等；其三是长城上多构筑空心敌台，显著地提高了防御能力。

《长城保护总体规划》中指出，明长城在工程技术、整体规模等方面较之以前各历史时期有了显著提升，展现了我国古代在军事防御体系建设方面的最高成就，见证了14~17世纪我国北方农耕、游牧、渔猎、畜牧等不同文明、文化之间的又一次大规模冲突、交流与融合。明长城东起辽宁虎山，西至甘肃嘉峪关。现存墙壕遗址总长 8800 余千米，呈东西走向，分布于今北京市、天津市、河北省、山西省、内蒙古自治区、辽宁省、陕西省、甘肃省、青海省、宁夏回族自治区等多个省（区、市）。现存墙壕遗存 5200 余段，单体建筑遗存约 17500 座，关、堡遗存约 1300 座，相关设施遗存 140 余处。东部地区明长城以砖墙（包土、包石、砖石混砌等）、石墙（毛石干垒、土石混筑、砌筑等）为主，西部地区则多为夯筑或堆土构筑。

（八）清长城

清朝统治者认为，明朝耗资巨大修建的长城并未改变其覆亡的命运，实现长远统治"在德不在险"，不应再行修筑长城，应以德安民。尽管如此，清朝末期，为镇压起义组织，清朝也修建了相关的防御工事。清朝兴建堤防壕沟，因在堤上植柳并以绳结之，故又称为柳条边、条子边或者盛京边墙。其特点有三：一是土堤宽与高均为一米，总长度过千米；二是堤上插柳条，各柳条之间再用绳联结，称之为"插柳结绳"；三是土堤外侧挖有壕沟，与土堤并行。它起初是为了保护清朝在东北的特殊利益而修建的一道经吉林、辽宁而西至山海关的人字形特殊防御工事。清朝初年，政权未稳，为拱卫盛京和皇陵，清朝统治者封禁该区域，以柳条边为界，实行民族隔离。柳条边不同于传统长城，不是以武力防御为主，更多的是施行民族隔离政策的分界线。

柳条边有东、西、北三段。清朝初期，皇太极为防朝鲜人在皇陵附近挖采作物而破坏大清"气运"，而修缮了一部风边墙，这是东段柳条边，又称"老边"；顺治时期，为保护盛京和永陵，清朝修筑西段柳条边，以此为界限，分开蒙古游牧区与盛京农耕区。康熙年间清朝修筑北段柳条边，以保护"大清龙脉"长白山。因其修筑时间较晚，又称为"新边"。柳条边是清朝封禁制度的载体与工具。而封禁制度又因为自然灾害、人口问题及外来侵略问题有所波动。清末，清朝面临自然灾害、沙俄入侵等问题，大规模移民实边，柳条边最终废止。

柳条边特殊性显著。从建筑形制上，柳条边以土堤和壕沟为界，设有边门以供出入，据史记载，新边老边共有 16 座边门，派驻兵、设哨卡，实行军事化管理，这主要是为了封禁地区和控制边民流入。它不同于前朝的国家级军事防御工事，亦非国与国之间的分界线。但柳条边也在客观上实现了清朝统治者的部分目标，间接促进了民族融合。现存有边门岭柳条边遗迹等。

第二节　长城的历史文化内涵

长城，作为中国古代最大规模的军事防御工程，不仅维系着国家安全和社会稳定，而且也体现着统治者的国家治理理念。修筑长城及其戍防屯田等政策带来的文化延伸、经济发展与民族融合，都是长城历史文化内涵的重要表现。

一、长城是中国古代军事防御工程体系的建筑遗产

（一）长城体现了"居安思危，有备无患"的军事防御思想

中国自古就很重视安、危、乱的辩证关系。《周易正义》中有"危者，安其位者也；亡者，保其存者也；乱者，有其治者也。是故君子安而不忘危，存而不忘亡，治而不忘乱，是以身安而国家可保也"的说法。中国文化历经数千年而绵延不绝，在长期的历史进程中围绕着安、危、乱，形成了独特的精神内涵，概括起来就是"居安思危，有备无患"。中国古代历史上，农耕政权与游牧政权多数时候处于共存与对立时期。无论军事力量是否占优势，农耕政权都致力于修建长城，正是这种思想的体现。除春秋战国各诸侯国相互防御的长城之外，长城多数是为防御游牧势力南下而修建。即便是由少数民族建立的政权所修建的长城，也是其成为北方定居的农耕区域统治者之后，为了防御更北边的游牧势力而建造的防御工事。

防御是中国古代重要的军事思想，《孙子兵法·军形篇》曰："昔之善战者，先为不可胜，以待敌之可胜。不可胜在己，可胜在敌。"其中指出了善于打仗的人先使自己立于不败之地，才有可能获得战胜敌人的机会的作战思想。长城正是这一思想的具体体现。《淮南子·原道训》云："人不弛弓，马不解

勒。"游牧民族政治文化的特征是全民军事化，随时准备战斗是牧民的生活常态，这是农耕民族不具备的优势。游牧军队的作战随机性和机动性的特点，尤其在小规模的作战行动上体现得最为明显。而长城依托坚壁立弓，能够有效防御小规模的军事攻击。平时备战，养兵屯田，严阵以待威慑敌方；战时则可以迅速响应，对抗敌军。而历史也证明了长城真正的防御作用，体现在长期有效防御的局部战争上。当长城沿线局部地区发生军事冲突，在武力对抗的暴力程度不高、双方投入的军事力量有限时，长城的作用往往能够得到较为充分的发挥。

（二）长城承载着古代系统全面的防御制度

长城的军事防御功能的发挥，依托于以城墙为主体的防御工事、驻兵屯田的军事防御制度和烽燧等的信传系统的相互协作。

首先是长城"因地制宜"的军事防御工事。长城蜿蜒万里，依托天险修筑防御工事。历代修筑的防御工事包括长城墙体、壕堑、界壕、城堡、关隘、烽燧等单体建筑及相关设施，其中长城墙体材料多是就地取材，有土、石、砖等，依据不同资源、不同地域建筑艺术和防御级别，长城墙体有土筑、石砌、石砌包砖、黄土包砖等，烽火台也有黄土夯筑、土坯砌筑等做法，不同环境下的长城墙体呈现明显的差别，具有明显的地方特色。因地制宜的防御工事，还承载了当时当地的建筑艺术水平和建筑工艺。

其次是长城防御工事的相关管理制度。完整的长城防御体系包括长城各类防御工事及相互之间的协调合作关系，体现长城军事防御的各种功能，包括守边、屯田、瞭望、传信、驿站、贸易等不同功能，对应着屯兵系统、军需屯田系统、烽传系统、驿传系统、马市贸易等。

二、长城反映了地方与中央的关系

（一）长城背后的政治关系

长城出现于春秋战国时期，这一时期，以血缘宗法制为基础的分封制，开始向以地缘为基础的中央集权郡县制转变。各国为获取更多的土地和人口以增加财富而战争不断，这是长城出现的社会政治历史背景。长城由中原农耕民族从相互之间进行防御逐渐演变为主要防御草原游牧民族的军事防御工程。长城的修建，与中国古代的中央集权制有关，而中央集权制又与中国政治对大一统的追求有关。大一统的中央集权制是长城产生和发展的政治基础。历朝历代修建长城，都是通过中央集权统一部署的重大国家工程，具有强制性。若没有这种强制性，就没有今日之长城。同时，修筑长城耗费巨大，也对国家的稳定和发展带来了消极的一面。秦始皇修筑万里长城，役民无数，致使民怨沸腾，加速了秦的灭亡。

（二）长城的修筑间接促进了经济的发展

长城，历经 2000 余年的积累，其本身所附带的防御工程建造以及与之配套的移民实边、屯种开荒等人地互动方式，有效促进了边疆地区的经济发展，包括荒漠地带的农业开发、住居方式与城镇发展。秦朝修建长城之后，依靠重兵驻防，夺取"河南地"，把阴山以南的地区纳入农业生产区，客观上促进边疆地区的开发，带动了当地的发展。通过发挥汉朝长城防御体系的作用，河西走廊得以形成，沿线地带得到发展，为后续丝绸之路乃至与西域各国的交流等提供了安全保障，创造了条件。长城稳定了边疆地区，使得通商条件大为改善，商贸经济得到较大的发展。长城内外农耕和游牧两个经济体之间，存在对生活生产资料需求的互补性。有了这种供求关系就会产生贸易，这是长城内外自然资源和人口的空间分布不均衡的结果。农牧双方的互补性，构成了双方经济关系上有较强的相互依赖。除了保护丝绸之路外，利用长城沿线关隘，城堡实现的自发贸易或政府有组织的市场贸易，有效地调节了农牧双方的物资需求，交换了生产生活经验，促进了双方经济的发展。例如，茶马互市，它开设于长城关口，是长城内外贸易之地。长期的贸易交往，使长城沿线边口城市逐渐发展成为由长城之内通向西北和北部蒙古地区的商业枢纽。贸易对区域经济发展有极大的促进作用，随着长城贸易边口重镇的多元化发展，这些城镇逐渐发展成为长城沿线地区性的政治、经济、文化中心。王朝对边疆地区还实施一系列的优惠政策，比如，提供种子、农具，派出大量能工巧匠到边疆地区帮助发展，赈济遭遇自然灾害的边疆民族地区等。这些举措，客观上推动了边疆地区的经济发展。

三、长城见证了中华民族的形成与发展，促进了民族融合与发展

民族融合发生发展的过程与统一的中华民族形成发展的过程具有同一性。长城地带各民族的交流与碰撞，不论是"胡服骑射"还是"汉化"，已经全面深入到文化、制度、思想、精神的各个方面。无论是农耕民族政权还是游牧民族政权，主导中原后都自觉或不自觉地希望能继续统一中国，这种思想的形成是长期以来民族融合的必然趋势。尤其是游牧民族政权入主中原后，想要稳定和谐发展就必须与农耕民族的思想文化进行深度融合，在政治、经济、文化等方方面面与汉民族达到整合，这也正是汉族与各少数民族不断融合最后形成多元一体的中华民族的重要过程。农耕人与游牧人在长城附近地区相往来，可以取长补短，共同发展。农耕人学习游牧人的骑射、畜牧技术，吸收异域文化；游牧人学习现今的农耕文化，包括生产方式、政治制度等，促进了自身社会形态的进步。农耕人与游牧人通过迁徙、战争、互市等方式，历经数千年的演变，始有今日中华文化的灿烂恢宏。

中国历史上，北方民族的发展都在不同程度上与长城有所关联。修筑长城的地区处于不同气候和自然带的过渡区，不同的地理条件、气候环境造成了不同民族间差异明显的民族文化。因此，长城地区是全国民族成分最具复杂性的地区之一，也是文化特色最鲜明的地区之一。在长城区域发生的战争中，攻方和守方的主力常常是两个不同的民族，多个不同的民族同时参与战斗的情况也时有发生。这种状况决定了长城地区不可避免地会出现各民族之间的交流与碰撞。其根源在于农牧经济文化之间既有联系又有矛盾，相互之间既有需要，又相互排斥。长期共存中伴随着小规模冲突与大规模战争，经济互通、文化相互影响，战争与共同生活，促进了长城内外的民族融合。历史上长城地区的移民实边较为有效地促进了民族融合。无论是顺应当朝政策的主动移民还是为了逃

避灾荒等的被动移民，大规模的人口流动使得民族融合成为必然。魏晋南北朝的大迁徙，使少数民族在长城区域的数量快速增多，迅速改变了该区域民族分布的状况，构成了一个不同民族大错居、小聚居的格局，很大程度上强化了民族交流，促进了彼此间政治、经济与文化上的进一步融合。两千多年来，中原农耕民族通过通商，使农耕文明和游牧文明紧密相融。关市、榷场、绢马贸易、茶马互市贸易等，古代中原王朝许可的与边疆各民族进行社会经济、政治关系和文化生活交流的形式，有效地促进了民族融合。

四、长城与中国传统文化

长城，横亘于中国北方，是古时农牧经济发展的分界线，也是人地互动的文化景观，长城既是中国传统文化的发源地之一，也是中国文化对外交流与传播的重要纽带。长城的修建和使用几乎贯穿于中国的发展史，与影响中国社会发展的中国传统文化一脉相承。自古以来，戍边引起的一系列社会现象及其背后的文化就是中国传统文化的重要组成部分，长城及其衍生文化是中国文学创作的重要议题，与之有关的边塞诗、民间传说与故事等内容庞大，影响深远。

长城文化是一种较为独特的中国文化。中国古人在长城沿线各种活动，适应了自然和社会发展，从而也改造了自身的生存状态。在此过程中，中国人适应、利用和改造环境，形成与深化了生存理念，从而表现出独特的行为模式、价值观念。我国各民族在生存发展、交流碰撞中，逐渐形成了共同的文化模式和独特文化传统，进而形成中华民族的完整思想程序、持续逻辑关系的集体记忆。长城文化正是长城区域各种思想文化、观念形态融合后的总体表征，由不同民族的先民共同创造的，并不断发展演变，是中华民族数千年的家国一体记忆。围绕生存理念、价值观念以及家国一体的集体记忆，衍生出"天下兴亡、匹夫有责"的责任感，增强了中华民族文化的生命力和影响力，才有了后来为民族生死不顾、为国家视死如归的中华精神。

此外，长城作为古代重要的交通要道，是丝绸之路的重要组成部分，有利于中华文化的传播，促进了中华文明与其他文明的交流。汉长城的修缮，有力地保护了"丝绸之路"的畅通，保证了中西贸易的畅通。

第三节 长城文化的当代价值

长城，作为我国古代劳动人民创造的建筑奇迹，2000多年来，凝聚着中华民族不畏艰难、顽强不屈、勤劳勇敢的精神特质，是构成中华民族的国家记忆、民族记忆和国家认同、民族认同的重要遗产。长城，承载着人与自然融合互动的文化景观价值，展现了古代军事防御体系的建筑遗产价值。《长城保护总体规划》指出，长城不仅具有坚定中华民族文化自信的历史文化价值，同时承载着中华民族坚韧自强民族精神的价值。在特色社会主义新时代，文化是一个国家和民族的灵魂。文化兴国家兴，文化强民族强，没有文化的繁荣兴盛和文化自信，就没有中华民族的伟大复兴。长城文化的当代精神独具特色，意义深远，作为中华民族伟大复兴文化自信和引领思想信念的重要理论支撑，凸显出历久弥新的独特时代价值。

一、长城是国家象征，是团结一致、众志成城的爱国主义精神的重要载体

国家象征，对外是国家间交往时的识别标志，对内代表着一个国家的主权独立与民族尊严，凝聚着一个国家的历史传统和民族精神，对一个国家的历史记忆、民众政治态度、行为和信仰等影响重大，是公民对国家认同的重要资源。长城在西方印象中，最初是中国古老文明的象征。近代以来，尤其是抗日战争时期，长城抗战之后，长城作为唤醒民族意识、强化国家认同和团结各种力量的标志，逐渐被认可。"新的长城""血肉长城""钢铁长城"等词语，随着"中华民族到了最危险的时候"而誓死捍卫国家领土完整的中华儿女团结一致、众志成城的抗争精神深入人心。这些词语赋予长城新的时代意义，作为中华民族抵御外敌入侵的屏障，长城与家国紧密联系，增强了中国人保家卫国、驱除外敌的决心，同时也赢得了国际社会对中国抗战到底保家卫国的尊重与支

持。作为一道军事防御工程，长城历经千年风雨与劫难而屹立不倒，象征中华民族终将赢得抗战的胜利。2019 年 8 月，习近平总书记在视察甘肃嘉峪关长城时指出："长城凝聚了中华民族自强不息的奋斗精神和众志成城、坚韧不屈的爱国情怀，已经成为中华民族的代表性符号和中华文明的重要象征。"爱国主义是长城精神的核心与源泉，自春秋战国到现代社会，每到民族与国家危殆之际，无数具有爱国主义精神的华夏儿女挺身而出，才使得中华民族转危为安。作为中华民族的精神象征，长城已深深融入了中华民族的血脉，成为实现中华民族伟大复兴中国梦的强大精神力量，无论是在过去、现在还是未来，都具有重要意义和深远影响。

二、长城承载着中华民族坚韧不屈、自强不息的民族奋斗精神

长城，东西向横跨中国北方地区，现有遗址多分布于中国地形第二阶梯，地形多样，途经大兴安岭、燕山山脉、太行山、阴山山脉、贺兰山等山地，并借助内蒙古高原等地的地形起伏和河流沼泽等天然屏障，以及山脉与盆地交界处等地，或盘亘高山山脊，或蜿蜒于山谷。修建于其间的长城，或在地势险要的崇山峻岭中，或在环境恶劣的荒漠戈壁中，融汇了古人的智慧、意志、毅力以及承受力。自春秋战国到明清时期，无数戍边军民克服恶劣的自然环境，艰苦奋斗、开荒屯田，不断修葺、巩固、扩建长城，这才使得长城虽屡经战乱破坏但仍有大量的墙体、界壕、城楼、烽火台等留存于世。长城承载着中华民族的勤劳、不惧困难、自强不息、艰苦奋斗的品质，并逐渐凝聚了精神意志。长城同无数艰苦卓绝的抵抗侵略的斗争一起，体现了中华民族坚韧不屈、自强不息的民族奋斗精神。

三、长城体现守望和平、共赢包容的时代精神

中华文明奉行"与人为善、以邻为伴"的行为准则，崇尚和平，讲求"和为贵""和而不同"以及"国虽大，好战必亡；天下虽安，忘战必危"。热爱和平

的中华民族反对直接的战争威胁，讲求先礼后兵，对待矛盾的处理方式也尽量是以谈判方式解决问题，"非礼不动""非危不战"的"非战"思想是中华传统文化精神中追求和平的主流意愿的另一种体现。在战争不可避免的情况下，为了更多人的安宁，"以战止战，虽战可也"。修筑于春秋战国时期的长城，深受诸子百家的思想影响，从其诞生之日起，便在顺应战争形势的同时注入了和平的思想理念。尤其是墨子以其卓越的军事智慧，将守和御两者有机结合，在其筑城理念中加入国备思想，对长城的修筑产生了重大而深远的影响。长城历史上一直是以军事防御为主，反映了古人借此来实现永久和平的愿望。长城在战时能迎战，在和平时期又兼顾了交通、贸易等功能。长城是古代中国的边疆防御线，连接着古代农耕文化和游牧文化，也连接着中原文明与周边的其他文明，通过战争、互市等推动了不同文明间的交流，促进了各方思想的传播与扩散，促进了各方政治、经济、科技与文化等的共同发展。历史上农耕文化对游牧文化产生了极大的影响，汉族的语言文字、思想制度、礼仪风俗、文化艺术等深刻地影响着长城地带游牧民族的文化发展和文明进步。同时，各少数民族文化也向中原汇聚，使得中原文化在发展中也受到各民族文化的强烈影响。比如从赵武灵王提倡胡服到清代的旗袍、马褂，给汉族服饰带来了重大转变；魏晋时期大批北方游牧民族将"胡床"带入农耕区，引发汉族生活习俗的一场革命。

长城沿线的重要关口、互市遗迹、丝绸之路上的烽燧与戍堡，都见证了长城内外各民族和平交流、共同繁荣的历史，寄托了国家与人民对和平的向往，代表了中华民族守望和平、开放包容的时代精神（陈同滨等，2018）。

除此之外，我国古代劳动人民在建造长城时，克服种种不利的自然条件，逢山开路、遇水架桥，因地制宜，长城的防御体系不断完善，也体现了与时俱进、革故鼎新的开放创新精神。长城是中华民族的象征，其精神需要不断挖掘，随着时代的发展，其价值也呈现出时代特色，有待进一步挖掘。

参考文献

［1］朱志强.论农耕政权的守成思想与修建长城——以明朝为例［J］.品

位·经典，2021（15）：27-30.

[2]焦懿晟.战国至西汉长城防御体系对鄂尔多斯高原人口的影响[J].赤峰学院学报（汉文哲学社会科学版），2021，42（07）：41-46.

[3]赵琛.长城凝聚中华民族的奋斗精神和爱国情怀[J].中华民族，2021（06）：64-67.

[4]夏丽娟.关于长城文化价值发掘和保护策略分析——以嘉峪关长城博物馆为例[J].丝绸之路，2021（02）：128-131.

[5]敏航.长城何以代表中华文明？[J].北京纪事，2021（06）：10-13.

[6]闫宪斌，李晓琳.早期长城影像的历史价值与文化意义评价——围绕威廉·埃德加·盖洛的长城摄影展开的考察[J].河北地质大学学报，2021，44（02）：135-140.

[7]赵现海.中国古代长城的历史角色[J].社会科学文摘，2021（03）：93-95.

[8]叶青.探寻建好国家文化公园的历史传承[N].中国文化报，2021-03-02（003）.

[9]许海军.长城诗歌反映的历史背景与文化意象的重构——以嘉峪关为例[J].河北地质大学学报，2021，44（01）：124-129.

[10]王玉玉，谷卿，刘先福.长城文化论纲[J].艺术学研究，2021（01）：20-32.

[11]王维平.从晋蒙交界长城遗址看长城的历史作用和文化内涵[A].中国民主同盟山西省委员会、山西转型综合改革示范区、山西省社会科学院."数字时代山西高质量发展论坛"论文集[C].中国民主同盟山西省委员会、山西转型综合改革示范区、山西省社会科学院：中国民主同盟山西省委员会，2020：8.

[12]闫煜东.长城：新时代要有新的文化担当[N].人民政协报，2020-11-06（003）.

［13］刘素杰.长城精神的新时代价值蕴含及其实践途径［J］.河北地质大学学报，2020，43（02）：127-131.

［14］汪春美.浅谈文化遗产视角下的中国长城及其历史文化内涵［J］.艺术大观，2020（07）：105-106.

［15］王雁.论长城国家象征意义的形成［J］.理论学刊，2020（01）：161-169.

［16］曹大为.长城的历史定位与文化意义［A］.《万里长城》编辑部.万里长城——庆祝中华人民共和国成立70周年论文集［C］.北京：中国长城学会，2019：4.

［17］段清波，刘艳.文化遗产视域下的中国长城及其核心文化价值［J］.中原文化研究，2019，7（06）：23-28+2.

［18］侯凤章.试论长城文化的内涵及长城的厚重文化价值［A］.中国长城学会、《文明》杂志社、中共北京市延庆区委宣传部.中国长城文化学术研讨会论文集［C］.中国长城学会、《文明》杂志社、中共北京市延庆区委宣传部：中国长城学会，2019：4.

［19］邱剑敏.中国古代长城戍防体系的历史演变［J］.军事历史，2019（05）：84-90.

［20］徐凌玉.明长城军事防御体系整体性保护策略［D］.天津大学，2018.

［21］李姝昱，董耀会.长城文化的历史价值与新时代意义［N］.光明日报，2018-11-10（004）.

［22］许慧君.中国长城调查考察回顾综述［J］.河北地质大学学报，2018，41（05）：123-132.

［23］陈旭.论明朝边防军在长城外的"烧荒"［J］.长江师范学院学报，2018，34（04）：36-43.

［24］陈同滨，王琳峰，任洁.长城的文化遗产价值研究［J］.中国文化遗产，2018（03）：4-14.

［25］段清波，徐卫民.中国历代长城发现与研究［M］.北京，科学出版社.2014.

［26］李大伟."应时顺势"：明长城建造的内在驱动力与作用研究［J］.西安交通大学学报（社会科学版），2018，38（02）：134-139.

［27］任凤珍，钱越.长城历史文化传承创新的当代价值——基于长城经济文化带的思考［J］.河北地质大学学报，2017，40（02）：135-140.

［28］许永峰.明朝中前期北直山西长城沿线的蒙汉贸易——兼论蒙汉民族贸易的民间化趋势［J］.山西档案，2016（01）：137-139.

［29］范熙晅.明长城军事防御体系规划布局机制研究［D］.天津大学，2015.

［30］马瑞江.从多元到一体的动因与机制［D］.天津师范大学，2008.

［31］赵现海.明长城的兴起——14至15世纪西北中国军事格局研究［C］//中国长城博物馆，2007：4.

［32］景爱.中国长城史［M］.上海.上海人民出版社.2006.

［33］彭曦.战国秦长城考察与研究［M］.西安，西北大学出版社，1990.

［34］程实.河北唐县发现战国古长城［J］.历史教学，1997（11）：55-55.

［35］李建丽，李文龙.河北长城概况［J］.文物春秋，2006（05）：4.

［36］董耀会.万里长城纵横谈［M］.北京，人民教育出版社，2004.

［37］顾祖禹.读史方舆纪要［M］.台湾：台湾洪氏出版社，1981，18.

第二章 国内外文化遗产保护利用研究基础

付 冰 刘博识 徐丹丹

第一节 文化遗产保护与利用

文化遗产是具有历史、艺术和科学价值的文物，包括历史遗迹、历史建筑和人类文化遗址。文化遗产承载着整个国家和民族的历史发展轨迹。文化遗产保护针对的是不同类型的遗产以及产生的不同矛盾和问题，通过一般比较，选择相应的保护方法和措施，以保持文化遗产的完整性、连续性和真实性。

一、保护世界文化和自然遗产公约

1972 年 11 月 16 日，联合国教科文组织第 17 届会议通过的《保护世界文化和自然遗产公约》（以下称《公约》），是世界上第一个致力于保护文化和自然遗产的国际通用条约，也是具有里程碑意义的重要国际法律文件。《公约》的正式实施标志着国际社会对世界遗产的保护已进入全面发展阶段。截至2019 年 12 月，来自 167 个缔约国和地区的 1121 处遗产被列入《世界遗产名录》，其中包括 869 处世界文化遗产（包括文化景观）、213 处世界自然遗产、39 处世界文化和自然混合遗产、39 处跨境遗产和 53 处濒危遗产。

《公约》对文化和自然遗产形式进行了概念化，并规定了文化和自然遗产的定义、内容、国家和国际保护措施。《公约》建立了科学、永久和有效的全人类世界遗产集体保护制度，并建立了支持世界遗产保护的国际合作与援助体系。

《公约》界定了"文化遗产"的内涵，内容上规定了四个方面：确定了世界遗产的标准，包括文化遗产、自然遗产、文化与自然的双重遗产和文化景观；规定了缔约国的责任和权利：责任是对本国领土内世界遗产的确定、保护、保存、展出的责任，权利是可以寻求对本国世界遗产保护的国际援助。设立了国际世界遗产保护实施机制：由联合国教科文组织成立"世界遗产委员会"，负责开展世界遗产工作，设立"世界遗产基金"，用于援助具有普遍价值的世界遗产保护工作；明确了国际援助的条件和程序。

二、世界文化遗产保护与管理研究

（一）世界文化遗产保护框架和体系的形成

1933年雅典会议制定的《雅典宪章》是第一份国际公认的城市规划纲领性文件。在"城市历史文化遗产"一章中，首次提出"有历史价值的古建筑应保留，无论是建筑单体还是城市片区"。《雅典宪章》的实施促使历史建筑保护概念超越了文物古迹的概念，并在全世界范围内达成共识。

第二次世界大战的结束带来了战后世界各地的城市重建。文化遗产保护开始寻求国际合作，这引起了越来越多国家的关注。在联合国教科文组织、国际博物馆协会、国际古迹遗址理事会的共同推动下，国际遗产保护框架和体系逐步形成。

1964年通过的《关于古迹遗址保护与修复的国际宪章》（威尼斯宪章）是对《雅典宪章》的继承和发展，为所有国家形成统一的保护原则提供了思想基础，并首次成功确立了遗产保护和恢复的原真性原则，要求不仅要保护古迹的"最早状态"，还要求尊重"所有时期的正当贡献"和"保护古迹周围的环境"。这一现代经典保护理论的形成对国际遗产保护运动具有里程碑意义。其中提出的遗产保护的目的和原则，对今后世界文化遗产的保护具有十分重要的指导作用。1965 年，美国提出了"世界遗产信托"，呼吁国际社会在世界自然遗产和历史遗迹的开发和管理方面开展国际合作。

1972 年，联合国教科文组织在第 17 届会议期间注意到各国文化遗产和自然遗产因年久侵蚀，同时受变化中的社会和经济条件恶化影响，越来越受到难以应对的损害或破坏的威胁，建议订立保护全人类世界遗产所必要的国际公约，通过提供集体性援助来参与保护世界遗产，作为遗产所在国保护行为的有效补充。于是，1972 年 11 月 16 日《保护世界文化和自然遗产公约》颁布通过。

20 世纪 90 年代，亚洲和南半球国家一直在质疑《保护世界文化和自然遗产公约》的合理性与公正性，认为该公约长久以来都是"以西方国家为中心"或"以欧洲为中心"。逐渐地，一些来自亚洲国家的优秀学者，也逐渐开始掌握遗产理论研究的全球话语权。这种话语权的转变反映了世界文化遗产研究的多元化趋势，也有助于世人全面了解世界不同地区社会、文化的过去和未来。亚洲国家发展成为与"欧洲中心"力量抗衡的主力。

"非物质文化遗产"一词最早在 1993 年的《联合国教科文组织项目新视角国际磋商报告：非物质文化遗产》中被提出，但并没有被统一推广使用。直到 2002 年，在联合国教科文组织的文化部长会议上，才首次提议制定《保护非物质文化遗产公约》，并于 2003 年正式通过。该公约弥补了《保护世界文化和自然遗产公约》中非物质文化遗产的空缺，促进了对世界文化和自然遗产完整和全面的国际法保护。

世界文化遗产保护的国际法文件除了最具约束力的两个"国际公约"以外，还有宪章、宣言和建议书。宪章主要是针对一些专项性的问题制定方针政策，如《雅典宪章》《威尼斯宪章》《华盛顿宪章》《佛罗伦萨宪章》《马丘比丘宪章》《上海宪章》等；许多与国际遗产相关的国际会议，都以宣言的方式提出理念或主张；建议书则主要是针对国际会议上产生的具体问题提出制定政策和方法指导。

世界文化遗产的国际法保护机构包括：联合国教科文组织及其下属机构、国际古迹遗址理事会、世界自然保护联盟、国际文物保护和修复研究中心。

（二）国际文化遗产管理范式的演变

文化遗产管理是遗产所在地主权国家对文化遗产的保护、传承和利用事务进行管控，是实现文化遗产保护的保障和手段，能够促进文化遗产的科学保护和合理利用。

18世纪至20世纪中后期，国际学术界对文化遗产管理的关注，本质上是在思辨"过去"与"现在"的关系，"保存主义"与"保护主义"范式相继出现。20世纪90年代以后，全球掀起了非物质文化遗产讨论热潮，"遗产化"范式逐渐成为当代国际遗产管理的主流。

1."保存主义"范式

国际文化遗产的保护与管理始于欧洲。18~19世纪首先在欧洲萌发了"保存主义"思想，意在抵制欧洲工业革命之后迅速普及的现代元素对传统的"侵蚀"，提倡以"强制干预"来保持文化遗产的原始结构和面貌，以立法来强制禁止改变或破坏遗产原貌。到20世纪初，这一理念发展成为当时欧洲文化遗产管理的"保存主义"范式。其原则是，首先要考虑的是完整保存遗产的原貌，然后妥善维护以传承后世，只有在条件允许的情况下才考虑再利用。

然而，在城市化进程中，"保存主义"的概念开始受到实用主义的挑战。物质文化遗产，特别是历史遗址和建筑，开始被视为社会"进步"的障碍，为后来的"保护主义"范式播下了"种子"。

2."保护主义"范式

支持"有目的地保护"，即充分考虑当代遗产在文化遗产管理中的使用需求。20世纪60年代，"适当再利用"成为遗产管理领域的一个流行概念，并被西欧和北美国家广泛采用。保护主义的重点不再仅仅是维护文化遗产的物质完整性，而是保护遗产背景和情境的"整体性"。"保护主义"范式认为，可以允许对遗产进行一定程度的"改变"，以便对其进行再利用和开发，以满足各种社会、经济或文化的需要。"保护主义"范式的特点是：实践者主要是政策决策者和制定者；行动的出发点是以"过去"和"现在"为核心，强调整体效果的原真性，可以基于"现在"的需求对文化遗产进行适当的利用。

3."遗产化"范式

20世纪90年代以来，快速变化的社会经济环境严重破坏了遗产资源。"遗产化"范式开始被倡导以满足当代人的社会、政治和文化需求，并逐渐成为国际遗产管理的主流。这一范式重新审视了遗产保护与利用之间的关系，认为人们对遗产"使用"的需求决定并创造了遗产资源，因此不应加以控制或限制。"遗产化"范式标志着遗产管理从物质遗产的保存和保护向以人类需求为导向的遗产利用和开发的转变。因此，文化遗产已成为一种"当下的文化创造"。遗产研究者开始重新思考文化遗产的性质、身份、功能和价值。一些遗产从业人员和研究人员开始从遗产价值的角度审视文化遗产的生存。

"遗产化"范式的特点是：文化遗产被视为服务于现在和未来的资源和工具，遗产带来的经济效益和政治价值受到广泛重视，行动的起点是以"现在"和"未来"为核心，而遗产保护和管理的目的不再是为了遗产本身，而是为了人们的体验感。因此，在"传承"阶段，非物质文化遗产的价值开始得到认可和广泛关注。

4."批判性遗产研究"范式

进入21世纪，澳大利亚学者提出了一种新的遗产研究范式——批判性遗产研究。辩证地判断和分析遗产政策、活动和项目，揭示遗产实践的负面影响和问题，以便更好地发展遗产产业，积极探索与主流遗产力量（如遗产当局、遗产企业和机构）进行有效对话甚至合作的新范式。

（三）国外关于文化遗产保护的研究

国外对世界文化遗产的研究始于20世纪80年代，随着遗产产业的发展而发展。当时，它是西方学术界的一个研究热点。从研究对象来看，文化遗产的研究多于自然遗产，这与世界文化遗产的数量远远多于世界自然遗产有关；从地区差异来看，美国、加拿大等国家对自然遗产尤其是国家公园的研究成果较多，而欧洲则侧重于城市和建筑等文化遗产；从研究内容来看，国外的研究主要集中在遗产地保护、游客管理、遗产地居民管理、遗产旅游的影响等方面。

近50年来，文化遗产及其保护越来越受到西方社会的关注。许多学者对文化和自然遗产的保护、恢复和重建的理论和技术手段进行了研究，认为当今研究的重点是：文化遗产传承的可持续性、全球文化多样性、区域经济不平等对文化遗产管理和保护的挑战、区域冲突对地方遗产保护的挑战、城市可持续发展规划等；遗产保护的类型和方法主要包括：保存现有状态、复原及重建、改造（保留外观、内部改造）、城区更新或振兴等；遗产保护的基本过程包括：确认遗产地点或物品、制定政策、授予遗产身份和给予保护、调研与编制遗产清单、修复与开发、管理与解说等；还有学者对文化遗产保护管理机构进行了研究，主要从政府角色和地位的角度探讨政府工作对遗产发展的影响。

此外，世界各地文化遗产的保护和利用也面临着来自经济、政治、环境、社会和文化方面的许多挑战，特别是在发展中国家，研究人员认为，这些挑战主要来自资金匮乏、现代化进程、环境压力、公众的认知等。

（四）国外文化遗产保护经验对我国的启示

1. 意大利文化遗产保护实践对我国的启示

意大利的文化遗产保护被誉为"意大利模式"。意大利1870年建国后，政府将文化遗产保护确立为"立国之本"，制定了一系列相关法律法规，并确保其实施。还鼓励企业通过税收优惠和其他赞助参与文化遗产的保护。公民参与是"意大利模式"的核心和特征。政府将保护理念深深扎根于公民价值观中，动员社会各阶层的公众参与，鼓励有实力的企业、基金会、文物监督人、民间社团等共同保护。遗产的合理利用，实现了对全国文化遗产的物理形态、生活方式、文化氛围和风俗习惯的全面保护。中央政府有垂直统一的管理体制。中央政府控制文化遗产的管理，在全国建立保护行政网络，并直接任命地方政府代表，实施垂直领导，从而有效实现不同地区文化遗产的平等保护。在保护性开发利用方面，城市古建筑、古遗址的保护优先于城市开发建设。如城市地铁建设中遇到的文物埋藏区域，应先进行考古发掘，再修建地铁，将挖掘出的文物作为地铁站的永久展品进行展示。现代高层建筑的建设将避开文物区域。为保护古城而另建新城等。政府将这些保存完好的文化遗产作为旅游景点向世界开放，实现了文化价值向经济价值的转化，使意大利国家和人民能够享受到文化遗产带来的巨大经济红利。

我国拥有大量的文物和文化遗产，但对文化遗产的保护和利用起步较晚。因此，意大利在完善法治体系建设，动员社会各阶层的公众参与，合理利用遗产，实现从文化价值到经济价值的转变，实现中央政府垂直统一的管理体制和模式，坚持保护性开发利用，鼓励实力雄厚的企业、基金会和非政府组织共同保护和合理利用等方面的经验，尤其值得我们借鉴。

2. 美国国家公园开发利用模式的启示

国家公园是国际公认的自然保护的成功典范。美国国家公园的建设已有100 多年的历史。有 411 个国家公园有统一的类别名称，11 个国家公园没有统一的类别名称。其中，历史文化国家公园有 9 类：国家纪念馆、国家纪念碑、国家历史遗址、国家历史公园、国家战场、国家战场公园、国家战场遗址、国家军事公园、跨国历史遗址。这些国家公园具有线性文化遗产的特征，其利用模式对长城、大运河、长征、黄河等国家文化公园的建设具有重要的启示和借鉴意义。

美国国家公园的商业利用模式在《美国国家公园管理政策》（2006 年）中进行了阐述，"国家公园管理局通过《特许权合同》或商业使用授权或租赁授权的方式，为游客享受公园的资源和价值而提供必要和合适的商业服务项目"。其中的"必要"是指为游客提供住宿、交通等必须的商业服务；"适当"是指此类服务应符合公园设立的目的，且不会对公园造成持续或不可修复的损害。《特许权合同》是由国家公园管理局下属的各区域办事处与私营部门签订的有效期为 10 年左右的商业服务合同。合同中允许提供的商业服务必须符合"是可持续的，并且不会对公园造成不可挽回的损害"。国家公园管理局在官方网站发布招标项目和招标信息，并附上参与招标所必须填写的文件和招标说明书；商业使用授权是一项短期协议，允许运营商使用公园和许可证，为指定公园内的游客提供特定的商业服务。个人、团体、公司和其他营利实体均可申请。授权由各国家公园管理，服务项目根据公园需要确定，包括登山、背包、皮划艇、摄影、潜水、钓鱼、攀岩等活动；租赁授权是指国家公园管理局通过授权租赁公园内以建筑物为主的历史或非历史财产。租赁物不在特许权合同和商业使用授权范围内。租赁的目的是对公园内闲置的旧设施进行再利用或改造升级，租赁期限长达60年。

美国国家公园的开发利用模式。国家公园管理局将每个国家公园视为一部美国史，并要求每个公园体现"一个公园，一段历史；一个物件，一个故事"。使用公园内具有历史意义的物体讲述其相应的国家历史和文化，并在网站上设立"历史故事"部分，即公园的历史，通过图片和文字展示文物、场景和故事，加深人们对美国历史和文化的理解。

美国国家公园的旅游开发模式。公园管理局提供历史和文化遗产旅游服务，分为在线和离线模式。"探索我们共享的遗产旅行线路"是一个在线项目。管理局通过官方网站的专门网站提供具体线路参考、历史遗址联系信息、互动地图以及相关保护区和旅游网站的链接；线下遗产旅游模式是管理局与公共和私人合作伙伴共同开发的一系列旅游线路。管理局负责整合旅游线路涉及的景点运营网站，游客需要自己买票和预订酒店。

3. 国外线性文化遗产保护与利用的经验

线性文化遗产是国际文化遗产保护领域提出的新概念，主要指在拥有特殊文化资源集合的线形或带状区域内的物质和非物质文化遗产族群，包括线形文化景观（河流峡谷）、线状遗迹（长城）、文化线路（朝圣之路）、遗产运河、遗产廊道（丝绸之路）、历史遗迹等。线性遗产具有线路长、维度多、涉及范围广、跨区域、跨流域、大尺度、边界模糊、类型复杂等特点，保护和利用的形式多种多样。国外线性文化遗产的保护、管理与合理利用虽然千差万别，但有些成功经验却是共通的，值得借鉴。

4. 世界文化遗产保护与利用的经验与借鉴

（1）英国经验

英国关于文化遗产的保护与利用形成了完整的法律体系；受益于民间社会

的大力推动；通过政府、组织和个人的共同努力促进文化指导；古建筑的保护是通过日常维护而不是维护来延缓建筑物的老化；在建筑遗产保护活动中，制度和法规是基础，重要的利益相关者（人）是重要的驱动力；致力于培养青年志愿者对老房子的认识和热情，为老房子的主人提供帮助和建议；一方面，非政府组织的作用是传达遗产的艺术价值，增强社会审美和文化意识。另一方面，保护行为本身赋予客体社会经济价值；公众参与是遗产保护的重要组成部分；以真实的触感向公众展示文化遗产的魅力和价值，通过活动提高人们的认知、审美和保护意识。

（2）法国经验

法国的文化遗产保护已从简单的保护和恢复升级到与环境保护和城市发展协调相结合。制定了相关法律制度和行政管理模式，先后颁布了《文物保护法》《历史建筑保护法》《景观用地保护法》《历史建筑周边环境法》《保护区法》等；成立了"历史建筑委员会""景观土地高级委员会""历史建筑周边委员会"和"国家保护区委员会"等政府机构，专门负责遗产的保护、管理和利用；提出了更具适用性的"建筑、城市和风景遗产保护区"概念；国家遗产建筑师制度是指在中央和地方政府之间设立国家遗产建筑师，在政府和人民之间设立历史文化遗产协调员。他们代表国家从专家的角度参与"保护区"管理条例的制定和实施，并有权对保护区内的所有项目做出决策。这独一无二的行政管理模式确保了法国保护规划和政策的实施，这也是法国遗产保护体系的最主要特征。

三、中国文化遗产保护与利用研究

（一）中国文化遗产保护的发展历程

中国近代文物保护的理念和方法始于 20 世纪 30 年代。1930 年，民国政府颁布了《古物保存法》，并于 1935 年颁布了《暂定古物之范围及种类大纲》，对受保护的文物进行了界定。中华人民共和国成立后，在有效保护一大批濒危文物的同时，形成了符合中国国情的保护理论和指导方针。

1961 年，国务院颁布了《文物保护管理条例》，提出："一切核定为文物保护单位的纪念建筑物、古建筑、石窟寺、石刻雕塑，在修缮、保养的时候，必须严格遵守恢复原状或者保存现状的原则，在保护范围内不得进行其他的建设工程。"这一原则对中国的文化遗产保护产生了深远的影响。1982 年，国务院颁布了《文物保护法》，有关部门和地方政府相继制定了一系列配套法规，基本形成了我国文物保护的法律法规体系。

1985 年，中国加入《保护世界文化和自然遗产公约》，国际文化遗产保护的一些主要原则开始被中国了解、引入。1987 年，周口店北京人遗址、敦煌莫高窟、泰山（文化与自然双重遗产）、长城、北京故宫、秦始皇陵及兵马俑等入选第一批中国文物古迹世界遗产。1988 年，联合国教科文组织委派专家对中国世界遗产保护状况进行现场评估。他们认为，这一时期中国的遗产保护在保护观念、保护技术、社会参与保护方面都与当时发达国家之间存在明显的差距。此后，中国展开了一系列与国际文化遗产保护机构的合作，引进了大量资金和技术支持，极大地促进了中国文物保护机构与国际文化遗产保护运动之间的交流，提高了中国遗产保护的技术水平。在文化遗产保护立法方面，除了我国的根本大法《宪法》外，先后制定、颁布了《文物保护法》《文物保护法实施细则》《环境保护法》《城市规划法》《风景名胜区条例》等。

随着 20 世纪末城乡快速发展带来的城市化热潮，中国文化遗产不仅受到了前所未有的重视，也遭受了前所未有的灾难。一些有识之士及时提出了"保护第一、抢救第一、合理利用、加强管理"的十六字方针，文化遗产的保护与抢救终于得到了重视。

进入 21 世纪，中国文化遗产的概念和重要性逐渐进入人们的观念之中。2000 年，参照国际原则制定了《中国文物古迹保护指南》，实现了中国文物保护与国际文化遗产保护的融合，为中国从文物保护到文化遗产保护的跨越式发展奠定了基础，首次明确了中国文物古迹保护的程序；并确定了中国文物保护的基本原则：保护原址，尽量减少干预，定期进行日常维护保养，保护现有实物和历史信息，按照保护要求使用保护技术，正确把握审美标准，保护文物环境，不重建不存在的建筑，在考古发掘中注重实物文物保护和防灾减灾，使我国遗产保护进入规范化管理进程；2004 年，中国加入了《保护非物质文化遗产公约》；2005 年，《国务院关于加强文化遗产保护的通知》确定每年 6 月的第二个星期六为"全国文化和自然遗产日"。同时，博物馆等文物收藏单位实行免费开放，让更多的中国人进入博物馆，了解中国文化遗产；2006 年，文化部颁布了《世界文化遗产保护管理办法》；2011 年，中国通过了《非物质文化遗产法》，首次对非物质文化遗产进行了明确界定和保护；2013 年，国家文物局发布了《世界文化遗产申报规则（试行）》，实现了中国文化遗产的数字化保护，建立了文化遗产数据库。

（二）国内文化遗产的保护与利用研究

中国是一个文化遗产大国，也是人类多元文化和文明的重要主题之一。对于中国的文化遗产事业来说，当务之急是尽快建立一个具有中国特色的、全社会普遍关注和参与的文化遗产理论体系。这一体系不仅要以文物和中国特色传统文化为基础，而且要继续保持遗产与历史，遗产与环境，遗产与中国人民以及当前社会、经济、文化建设发展的内在关系。中国加入《保护世界文化和自然遗产公约》36 年来，虽然在世界文化遗产的保护和利用方面取得了显著的成就，但世界文化遗产的理论研究还有很长的路要走。

中国有关文化遗产的研究始于中华人民共和国成立初期，至 2000 年之后出现大量增加，2016 年研究文献发表数量达到高峰。从对世界文化遗产研究的成果来看，研究者普遍关注的是：世界文化遗产保护研究、世界文化遗产旅游研究和世界文化遗产社区感知与影响研究等；研究者普遍认为，世界遗产的独特性和不可再生性决定了对其"保护"是第一位的；中国遗产保护面临的挑战主要是旅游经济发展问题（旅游高峰期超载、旅游设施乱建、遗产地商业化与城市化）、管理问题（管理不到位、人才与保护经费缺乏）、城市发展问题（文化遗产"孤岛化"）等；研究者关注的主要问题集中在文化遗产保护理念、保护监测、保护的技术措施等方面；提出完善我国文化遗产保护的措施包括：加强立法保护、明确政府的权利与义务、建立专门管理机构、建立监测和遗产资金机制、科学合理的协调保护与开发利用的关系、遗产遭到破坏后的追责与救济、建立公益诉讼制度等。

与国外发达国家相比，国内文化遗产保护利用研究滞后，相关理论体系发展不完善，理论研究与国际遗产研究的学术对话不够顺畅，研究范式也没有完全整合。然而，目前我国有一批优秀的遗产理论家和优秀的遗产期刊，他们获得了平等的话语权，在国际遗产研究界占有一席之地。

在研究数量上，近年来相关研究成果积累迅速，研究正从"国际经验借鉴、相关基础理论探讨"向"问题解决"推进；在研究方法上，实现了从描述性研究和实证研究向实证研究和理性分析相结合的转变，研究的针对性也在增强。中国特色文化遗产理论体系的构建是一个较为复杂的过程，因为文化遗产的保护和利用不仅是一个科技和工程问题，也是一个社会文化问题。我们应该结合中国传统文化，探索综合保护的概念和理论。

（三）国内线性文化遗产的保护与利用

我国线性文化遗产的保护和利用实践尚处于起步阶段。随着文化遗产保护利用意识的增强，正逐步进入发展阶段。一些重要的文化线路遗产成为各级文物保护单位。长城、大运河和丝绸之路已成功入选《世界遗产名录》线性文化遗产项目，这些线性文化遗产也制定了总体规划。例如，2006 年颁布的《长城保护条例》是中国第一部关于单一文化遗产的专门条例，也是线性文化遗产保护立法的开端。浙江省、杭州市和西安市也对大运河和丝绸之路颁布了地方性专项法规，为这些线性文化遗产提供了政策保障。

近年来，中国进一步加强了对长城、大运河、丝绸之路、红军长征路线等大型线形文化遗产的整体保护、传承和展示。2019 年，中共中央国家办公室发布了《长城、大运河和长征国家文化公园建设规划》，旨在建设长城、大运河和长征国家文化公园，协调和促进保护沿线文物和文化资源的继承和利用。

虽然我国线性文化遗产的保护和利用越来越好，整体保护研究和实践探索得到加强，但仍存在一些问题，如国家层面强有力的整体保护协调机制不完善，统一管理体系尚未建立，综合整治和合理利用缺乏整体协调，不合理的开发利用使线性文化遗产的原真性和完整性遭到破坏，前瞻性、战略性的整体保护规划和法律法规建设不完善，围绕线性文化遗产的自然、生态、人文的保护和融合不够；遗产保护资金来源相对单一，社会资本参与的制度环境不完善，一些线性文化遗产的公益价值被忽视。

第二节　国家公园和国家文化公园

我国建立国家公园体制起步较晚，从 2013 年党的十八届三中全会决定首次提出建立国家公园体制，到 2015 年展开的 10 个国家公园体制试点工作，逐步探索了我国国家公园的体制建设。2017 年的《中华人民共和国国民经济和社会发展第十三个五年规划纲要》中，由国家公园衍生出了国家文化公园的概念；2018 年 2 月，为深入贯彻落实《中华人民共和国国民经济和社会发展第十三个五年规划纲要》与《国家"十三五"时期文化发展改革规划纲要》中关于建设国家文化公园的规划要求，中央文化体制改革和发展工作领导小组把"开展国家文化公园建设试点"列为年度工作要点，国家文化公园试点建设正式提上工作日程。2019 年 7 月 24 日，中央全面深化改革委员会审议通过了《长城、大运河、长征国家文化公园建设方案》，确定了长城、大运河、长征三大国家文化公园的建设。2020 年，在党的十九届五中全会审议通过的《中共中央关于制定国民经济和社会发展第十四个五年规划和二〇三五年远景目标的建议》中指出："传承弘扬中华优秀传统文化，加强文物古籍保护、研究、利用，强化重要文化和自然遗产、非物质文化遗产系统性保护，加强各民族优秀传统手工艺保护和传承，建设长城、大运河、长征、黄河等国家文化公园。"建议中增加了黄河，最终形成了"四大"国家文化公园的综合布局。长城、大运河、长征国家文化公园的建设，计划用 4 年左右时间，到 2023 年年底基本完成，其中长城河北段、大运河江苏段、长征贵州段作为重点建设区预计将于 2021 年年底前完成。

从国家公园到国家文化公园，近些年来，我国对生态保护和文化传承不断进行着道路探索。国家文化公园由国家公园引申而来，是国家公园新的发展形式，也是国家公园理论的延续。如今，我国有10个国家公园（试点），分别是：东北虎豹国家公园、祁连山国家公园、大熊猫国家公园、三江源国家公园、海南热带雨林国家公园、武夷山国家公园、神农架国家公园、普达措国家公园、钱江源国家公园、南山国家公园。2021年10月12日，习近平总书记在《生物多样性公约》第十五次缔约方大会领导人峰会上宣布，中国正式设立三江源、大熊猫、东北虎豹、海南热带雨林、武夷山等第一批国家公园。这些国家公园的设立，目的是保护自然生态和动植物多样性，并不具备太多文化上的意义。在文化传承和国家共识形成的层面，中国需要建设国家文化公园。

一、概念界定

（一）国家公园

"国家公园（National Park）"的概念来源于美国，根据世界自然保护联盟（International Union for Conservation of Nature，IUCN）的定义，国家公园是自然保护地6类中的1类，也是自然保护地中影响最广、深受世界各国人民喜欢的类别。1832年，美国艺术家乔治·卡特林（Geoge Catlin）首次提出"National Park（国家公园）"一词，在旅行的路途中，他对美国西部大开发对印第安文明、野生动植物和荒野的影响深感担忧。他写道，"它们可以被保护起来，只要政府通过一些保护政策设立一个大公园……一个国家公园，其中有人也有野兽，所有的一切都处于原生状态，体现着自然之美"。后来，这个理念被世界上许多国家使用。虽然它们的确切含义不同，但基本含义都指的是自然保护区的一种形式。国家公园的实践始于19世纪的美国，标志性事件是1872年黄石国家公园的建立。经过100多年的研究和发展，"国家公园"已成为一项世界性、全人类性的自然和文化保护运动，并形成了一系列的保护理念和保护模式。国家公园建设的主要意义和作用可以概括为三个方向：一是景观资源的保护和保存；二是资源环境调查研究；三是旅游业的可持续发展。

（二）国家文化公园

国家文化公园是以保护、传承和弘扬具有国家或国际意义的文化资源、文化精神或价值观为主要目的的特定区域，其中包括国家形象强化、国家历史认知、国家精神弘扬等。国家文化公园是自然环境和人文景观相结合的产物。国家文化公园的建立是为了弘扬国家精神，它是形成统一价值观的有效手段。这其中既有为国家奉献的精神，又有超越民族、国别界限，全人类都应坚持的正义、勇敢与助人为乐的统一价值观。国家文化公园建设目标是整合具有突出意义、重要影响、重大主题的文物和文化资源，实施公园化管理运营，实现保护传承利用、文化教育、公共服务、旅游观光、休闲娱乐、科学研究功能，形成具有特定开放空间的公共文化载体，集中打造中华文化重要标志。国家文化公园需要包括重点建设管控保护、主题展示、文旅融合、传统利用 4 类主体功能区；协调推进文物和文化资源保护传承利用，系统推进保护传承、研究发掘、环境配套、文旅融合、数字再现 5 个重点基础工程建设。

二、文献回顾

（一）国外文献回顾

通过 Web of Science（WOS）引文数据库的检索，国外对国家公园的早期研究主要集中在保护、国家公园、管理，关注国家公园的生态系统、动态、自然旅游；2008 年以后，研究热点则开始向保护地、游憩、生态旅游、影响、态度、感知、社区、野生动物、多样性、干扰、气候变化等内容拓展。国家公园的研究逐渐从自然保护延伸到国家公园与利益相关者、环境变化互动等，从单一问题研究发展到多维综合研究。定量研究方法在国家公园的研究中起着主导作用。定性研究方法主要应用于国家公园发展模式、规划、运营和管理的研究，其中结构化访谈和田野调查方法使用较多。定量研究方法多种多样，其中问卷调查法、GIS/RS 技术、旅行成本法和条件价值评估法应用广泛。国家公园研究对象的复杂性使其研究方法多样化、全面化，定性与定量研究方法的结合更加紧密（肖连连等，2017）。

（二）国内文献回顾

在中国知网数据库（CNKI）文献检索中，国内学者对国家公园的研究内容主要是保护、国家公园、生态旅游等，更加关注国外经验的借鉴、国内试点的建设情况以及国家公园的管理体制。2013~2019年文献发表量居多，研究方法多为定性研究，以比较研究和实地考察法为主。研究存在研究成果数量较少、研究方法较为单一、研究深度不够、研究参与学科较局限等不足。国内对国家文化公园研究的文献截至2021年7月4日总共为143篇，2019~2021年发表量快速增长。研究主题主要集中在文化公园建设、文化遗产和文旅融合等内容。在这一时间段，长城文化公园的文献发表量也快速增加，研究主题主要是长城沿线、长城文化和长城保护等。

（三）研究比较

从国际上看，国家公园体系日趋完善：以日本、韩国为代表的亚洲综合管理型国家公园体系，以德国为代表的欧洲地方自治型国家公园体系，以加拿大为代表的美洲自上而下管理型国家公园体系，在管理体制、财政体制、文化遗产保护机制等方面进行了有益的探索。在这些完整的国家公园体系中，文化型国家公园是重要的组成部分，在统一管理下与其他类型国家公园具有相同的管理体制和财务制度，为我国国家文化公园的建设和管理提供了宝贵的经验。在世界范围内，建设国家公园被认为是一种富有理想和远见的做法。目前，已有200多个国家和地区开展了国家公园的实践，形成了特色鲜明的文化型国家公园模式，在文化遗产保护方面进行了有效的尝试。综合管理型、地方自治型和自上而下型的国家公园管理模式虽然有其自身不同的特色，但在机构职能、财政体制、保护体制方面存在相似之处。我国在规划和设置国家文化公园管理模式的过程中可参考借鉴。

国家公园与国家文化公园是具有区别的。一方面，两者起源不同，国家公园概念起源于美国对"荒野"的保护；从殖民地时代开始，美国主流社会长期对荒野持厌恶与征服的态度。然而，随着浪漫主义与民族主义思潮的兴起与发展，荒野尤其是壮美的荒野景观被美国知识精英塑造成为彰显美国独特性和构建国家认同的工具，被赋予了崇高的精神文化价值。而"国家文化公园"这一概念是中国首先提出的。除了从文化遗产保护和文化传承角度认识国家文化公园外，还应围绕"国家精神构建"为核心理念去理解，关注并发掘中国的文化精神内涵，努力呈现出中华文化的独特创造、价值理念和文化特色。这既是国家公园创立发展的历史启示，更契合了当下文化建设的现实需求。另一方面，两者建设与发展的目标不同，国家公园是我国自然保护地最重要类型之一，属于全国主体功能区规划中的禁止开发区域，纳入全国生态保护红线区域管控范围，实行最严格的保护。除不损害生态系统的原住民生活生产设施改造和自然观光、科研、教育、旅游外，禁止其他开发建设活动，而国家文化公园更加提倡"还生态于民、还文化于民、还园于民"的理念，其特征是突出创新性、公益性、开放性和国际性。

邹统钎（2019）认为，国家文化公园作为一个时空连续、虚实相生的文化生态系统，在建设与管理过程中应坚持整体保护、统一管理、规划先行的原则，在保护文化生态系统原真性和完整性的基础上，适度发展文化旅游、特色生态产业。

董二为（2021）认为，根据国际经验并结合中国国情，建设国家文化公园，具体要从保持原貌、挖掘文化、突出教育和强调休闲四个方面进行考虑。国家文化公园的建设和国家公园是紧密相连的。要理解好什么是国家文化公园，首先要了解国家公园。大多数的国家公园和文化是有关系的，比如历史公园、军事公园、战场公园和战场遗址等都有深厚的文化内涵并和文化息息相关。中国国家文化公园中的"文化"一词涵盖了美国国家公园系统中没有直接表现出来的文化元素。建设国家文化公园是一项复杂的系统工程，更是向世界展示中国文化创新工程的一个机会。

吴丽云（2019）认为，国家文化公园的建设应突出"四个统一"，即：坚持保护与发展的统一、坚持规范与创新的统一、坚持公益与市场的统一、坚持共性与个性的统一。同时，还要有五大路径推进国家文化公园建设，即：法律保障、规划引领、分级管理和分区管理、融合发展、基础配套五大路径。并提出"国家文化公园建设是一项复杂的系统工程，也是中国的文化创新工程，需要充分解放思想，科学保护和传承利用文化资源和文化遗产，创新管理体制机制，发挥区域协同效应，塑造独特文化形象，逐步构建起国家文化公园建设和运营管理的全新体系"。当下，在党中央积极"倡导坚定文化自信、提高国家文化软实力"的背景下，国家文化公园的建设有着重要而特殊的意义。三大国家文化公园所代表的是属于中国不同时代的历史文化，既作为文化传播的重要载体和渠道，也是中国新时期文化自信的展示平台。在国民的物质需求已经得到了极大满足的时期，精神需求正在快速兴起，国家文化公园的建设，很有可能会构建起新时期文化消费的新模式。

综上所述，国家公园体制试点对于国家文化公园的意义在于探索文化遗产保护带动自然生态系统的保护和恢复。在软件方面，服务、社区发展和管理将会实现质的飞跃。"国家文化公园"属于国内首创，在法律法规、标准规范、理论研究、实践经验等方面都没有较为成熟的经验，在国际上也没有先例可循，是一个非常值得探讨的新领域。

第三节　长城保护与开发

长城是世界奇迹之一，具有浓郁的历史气息，凝聚着中国无数劳动人民的智慧，是每一个中国人的骄傲。近代以来，长城被赋予了许多内涵，其中最著名的是它的象征属性，即作为中华民族象征的精神意义。长城首先是物质的，是民族精神的载体，但归根结底，文物应该是当代长城的第一身份。保护长城的基础工作是按照文物保护的原则保护长城遗迹。

保护和开发长城，首先要制定保护和开发长城的规划。将重要段落、关口、遗址、长城两侧临近废弃古村落的保护与开发、生态环境保护、基础设施建设、区域经济发展等均纳入开发保护的规划中。在未来的开发和保护规划中，综合考虑并实现"一体化"。其次是要加强文化建设。长城是历史文化遗产，与其他景点不同的是，它必须突出其文化内涵。加强对长城文化保护和发展的支持，及时准备成立长城研究会等专门机构，每年规划并研究和发布有影响力的文化成果；邀请国内长城界、文物界专家举办长城主题论坛，介绍权威长城研究理论，丰富长城内涵；与旅游业相结合，策划组织一系列长城文化摄影展，出版一系列图书，建设主题博物馆，拍摄纪录片等主题文化活动。然后是拓展领域，深入挖掘长城及沿线各类文物文化资源所承载、连接、积累和蕴含的文化价值，突破单一空间保护和单一景观开发的局限，结合物质文化，非物质文化与自然生态，注重继承和开发长城精神，提炼时代精神。最后，必须加强跨区域合作。长城作为典型的线性遗产，地域跨度大。因此，有必要聚集本地区优秀人才，在保护与发展、研究成果等方面进行交流与合作，并进行共享。

一、概念定义

（一）长城

长城，又称万里长城，是中国古代的一项军事防御工程。历代统治者决定修建长城都是一项国家行为。只有把长城放在中华文明传承和发展的背景下，看到长城与政权、政治、社会的关系，才能理解长城的产生和发展对中国历史发展的意义。

长城建于春秋战国时期。当时中原不统一、各国不断开疆拓土，建造一道防御墙尤其重要，长城应运而生。在战争中，防御和通信是重要的组成部分，因此长城的高墙和间隔的烽火台正是起着这些作用。除了巩固和加强御敌功能、方便快捷地传输信息外，各国还将分布不均的城墙连成一条线，形成了长城，这是我们今天看到的一个伟大的建设项目。现存的长城大多是在明代古长城的基础上修缮的长城。西起甘肃省嘉峪关，东至辽宁省鸭绿江，全长21196.18千米（叶志明，2016）。古往今来，长城因其巍峨壮丽、庞大的工程、古代中国人的建筑才能和伟大的军事战略而为世人所钦佩。

许多研究者对长城的定义提出了自己的理解。尽管这些定义存在差异，但较为一致的是，大家都认为长城是中国古代的一项军事防御工程。长城与其他军事防御工程有两个区别：一是长城建筑体量很长；二是长城防御体系与其他军事防御工程相比具有非常大的纵深。

在现代学者中，历史地理学家侯仁之对长城的定义最接近长城的这两个本质。在《长城国际学术研讨会上的总结》中，他将长城定义为："长城是针对相对固定的作战对象，按照统一的战略，以人工筑城方式加强与改造既定战场，而形成的一种绵亘万里、点阵结合、纵深梯次的巨型坚固设防体系。"

1961 年 3 月 4 日，国务院宣布长城为第一批国家重点文物保护单位。1987 年 12 月，长城被列为世界文化遗产。2020 年 11 月 26 日，国家文物局发布了第一批国家级长城重要点段名单。长城集物质文明和精神文明于一体，在不断向世界展示中华民族智慧和创造力的同时，也体现了中华民族实践和促进文化交流与互通、维护世界和平的愿望。

（二）长城的保护和开发

2006 年，国务院颁布了《长城保护条例》，这是中国第一部针对一项文化遗产制定的国家级法律文件。在接下来的 10 年中，长城保护，特别是文物保护取得了巨大进展。例如，"长城保护工程（2005~2014 年）"在国家文物局的领导下，经过 6 年的资源调查，全国近 2000 名文物测绘工作者基本摸清了长城的"家底"，并于 2012 年向公众发布了准确的长城测绘数据：中国长城全长 21196.18 千米，穿越中国北方 15 个省（自治区、直辖市）404 个县，共有 43721 个断面（座、位）。在此基础上，我们完成了长城资源数据库和长城资源保护管理信息系统的建设，实施了数百个长城保护和维护项目，进一步完善了保护长城的法律体系。上述工作可以说仅仅是巩固长城保护的基础，但绝不是长城保护的全部。

《长城保护条例》于 2006 年 9 月 20 日在国务院第 150 次常务会议上通过，并于 2006 年 12 月 1 日生效。为了加强对长城的保护，规范长城的利用，根据《中华人民共和国文物保护法》，制定本条例。本条例所称长城，包括长城的城墙、城堡、关隘、烽火台、敌楼等。本条例保护的长城段，由国务院文物主管部门予以承认和公布。

保护和开发长城是一个司空见惯的问题，各方对此有不同的看法。它一般分为两个学派。一个学派认为，长城的保护和长城的旅游开发是矛盾的，鱼和熊掌是不可能兼得的。他们不提倡开发长城旅游业。他们认为，任何形式的旅游开发和接待都在不同程度上破坏了长城这一作为不可再生的文物。特别是长城旅游开发过程中的工程建设，可能对长城造成不可逆转的破坏或影响长城的整体环境。因此，他们不提倡开发长城旅游，文物部门往往持这种观点。另一派认为，长城作为中华民族的精神象征，应该受到人们的参观。否则，长城作为重要文物的历史价值、艺术价值和科学价值如何体现，如何发挥其强大的民族精神纽带作用？他们提倡开发长城旅游，认为如果长城的保护和旅游开发协调好，就能实现和谐局面。

习近平总书记于 2019 年 8 月 20 日参观了嘉峪关长城，听取了长城文化遗产保护和历史文化考察的介绍。"当你提到中国时，你会想到长城；当你提到中华文明时，你也会想到长城。这是中华民族和我们的财富的象征。我们必须保护它们，并进行一些救援保护"，这也是总书记对保护长城的期望。

2019 年 1 月，文化和旅游部、国家文物局联合发布了《长城保护总体规划》，以建立保护、传承和利用长城的长期工作机制，并敦促各省、自治区、直辖市把保护长城作为一项长期任务，这为后续工作提供了重要依据。2019年 1 月，在北京召开了全国文化和旅游厅局长会议，提出了建设国家文化公园的战略规划，重点围绕长城、大运河和长征三大主题，同时丰富人们的精神文化生活，有效地提高了民族意识和民族自豪感。

二、国内外文献综述

在国外人文遗迹保护的经验上，Robert Holden 在 *London and the Aesthetics of Current British Urban* 一书中指出，对于文物古迹的维修与保养应当遵循不改变文物原状的原则，保存古迹的原址、原状、原物。Robert Pickard 在 *Police and Law in Heritage Conservation* 中认为，人文遗迹的保护应当将法律、资金、公众参与、政府职能联系起来，为人文遗迹保护提供良好的外部环境。

曹霞、陈海宏在《国外文化遗迹法律保护模式、制度与经验》中认为，在国外文物的法律保护模式、制度和经验中，大多数国家通常采用环境法和物权法的立法模式对文物进行法律保护。张小罗、赵二丽在《论文化遗产的环境法保护》中指出，美国、法国、日本通过制定文化遗产环境法律保护制度，深化了文化遗产整体保护理念。袁静在《中外世界遗产保护的法律法规比较研究》中指出日本、美国等发达国家在完善世界文化遗产法律制度、重视公众参与、加强国际和区域合作等方面应予以借鉴。

就目前保护长城的情况而言，有人认为破坏是长城损毁的主要因素。除了对长城本体的刻画取石等的毁损，还包括对长城周围生态环境的破坏。例如，北京八达岭长城周边商业建筑的建设，严重影响了周边生态景观，对长城景观整体环境造成破坏。

王姗姗（2017）将长城缺乏真实性的原因归结为规划、开发利用不科学，长城保护意识淡薄，缺乏维护和管理不善。

在研究北京明长城的分布状况和破坏防护时，张鸥提出，长城大部分位置偏远，交通不便，处于破坏状态，没有人对自然破坏的长城进行救援、维修和维护。开发利用和建设项目破坏了长城周边景观的连续性，破坏程度是毁灭性的。

刘勇（2018）在长城保护法律制度研究中提出，长城保护实践中存在执法主体缺位、权属不清、责任不清等问题。主体不清、执法行为异常导致长城行政执法的可持续性较弱，以罚代管影响长城行政执法效果。

张依萌（2018）认为，由于对长城的错误认识和长城保护意识的缺乏，将长城视为"古建筑"，按照"古建筑"保护和维护长城，这从根本上抹杀了长城的内在属性，需要加以纠正。可以看出，造成长城破坏的因素很多，主要是人为破坏。

关于长城保护的路径，李伟芳（2015）在《基于环境立法价值理念下的文化遗产保护研究》中提出，文化遗产作为人类环境的一个要素，应坚持可持续发展的理念，并将其落实到具体的法律体系中。她认为，首先要在树立整体利益发展观的基础上，完善环境影响评价体系。

张鸥（2007）认为，长城与周边环境有着密切的联系。要注意保护长城周围原有的生态环境和历史文化内涵，对长城进行动态监测。同时，改变单纯依靠文物部门管理和保护长城的单一性，强化和明确政府责任，才能使长城得到充分保护。

朱祥贵（2006）认为，中国文化遗产立法仍然是一个以人类为中心的价值理念。我们应该从环境文化生态学的角度树立非人类中心主义的生态整体利益价值观，维护子孙后代的环境权益，保护文化生态多样性和生态系统整体利益的可持续发展。

综上所述，学者们从不同的学科和角度对长城破坏的原因进行了分析和研究，并在保护长城的道路上提出了有针对性的建议。

学者专家在长城保护方面做了大量工作：2019 年 6 月 18 日，在清华大学建筑学院举行的"长城文化遗产廊道保护与发展关键指标"研讨会，从多学科角度提出长城文化遗产保护和可持续发展关键指标建设的思路和建议；第二届金山岭长城论坛提出了保护和可持续发展长城的学术规划；2019 年 5 月，燕山大学出版社出版了《中华血脉：长城文学艺术》系列丛书，涵盖诗歌、传说、戏曲、小说等体裁，宣传长城文化；2019 年 9 月 7 日，内蒙古自治区社会科学院与河北省社会科学院联合召开主题为"多维视野下的文化交融与碰撞：草原文化与燕赵文化的对话"的会议，其中分会场交流了长城文化。

长城旅游开发与长城保护之间不存在矛盾。处理好二者关系的关键是：长城旅游开发必须以保护长城为前提，遵循保护长城的原则和客观规律，做好旅游开发过程中与长城保护有关的事前审批规划和事中监督工作。只有这样，我们才能实现互利共赢的结果。保护长城是中华儿女的共同责任。长城的保护和旅游开发是一项复杂的系统工程。我们要在保护长城的前提下，认真探索长城旅游开发的可行性和操作规程，共同守护好长城这一中华民族共同的精神家园。

长城的保护和开发是一项利国利民的系统工程。只有充分认识长城保护的对象和意义，合理研究长城的历史和现状、保护和利用，正确处理长城物质和精神文明的关系、专业力量与民间力量的关系、保护与发展的关系，才能得到社会最广泛的理解和支持，才能找到正确的工作方向，实现长城保护、传承和利用的统一。

参考文献

［1］邹统钎，韩全.国家文化公园建设与管理初探［N］.中国旅游报，2019-12-03（003）.

［2］董二为.四部曲引领国家文化公园建设［J］.小康，2021（09）：52-53.

［3］吴丽云.国家文化公园建设要突出"四个统一"［N］.中国旅游报，2019-10-23（003）.

［4］吴丽云.五大路径推进国家文化公园建设［N］.中国旅游报，2019-12-11（003）.

［5］叶志明.土木工程概论（第4版）［M］.高等教育出版社，2016.

［6］王珊珊.北京延庆地区明长城城堡的保护与利用［D］.北京工业大学，2017.

［7］刘勇.长城保护法律制度研究［M］.北京：中国长安出版社，2018.

［8］张依萌.长城保护的观念困境［J］.建筑知识，2018（05）：30-37.

［9］李伟芳.基于环境立法价值理念下的文化遗产保护研究［J］.武汉大学学报（哲学社会科学版），2015，68（06）：111-118.

［10］张鸥.北京明长城分布现状及其损毁保护的研究［D］.首都师范大学，2007.

［11］朱祥贵.文化遗产保护立法基础理论研究［D］.中央民族大学，2006.

第三章　长城文化遗产的保存现状与
环境特征

程璐璐

第一节　文化遗存及其分布

长城是我国古代重要的军事防御工程，始建于春秋战国时期。1987 年 12 月入选世界文化遗产。2019 年印发的《长城、大运河、长征国家文化公园建设方案》确定了建设长城国家文化公园的范围，包括战国长城、秦长城、汉长城、北齐长城、北魏长城、隋唐长城、五代长城、宋长城、西夏长城和辽长城等具备长城特征的防御体系，明长城、金界壕。涉及河北、北京、天津、内蒙古、陕西、甘肃、山西、黑龙江、吉林、辽宁、山东、河南、青海、新疆、宁夏 15 个省区市。

一、河南省

河南省内长城遗址主要为战国长城，包括楚长城、魏长城和赵长城。

楚长城是中国历史上修建较早的长城之一，均在河南省境内，分为东线、西线和北线。途经平顶山市、驻马店市、南阳市、邓州市。境内除墙体外，与楚长城相关的建筑及设施遗址主要有关隘、兵营和烽火台。楚长城比较著名的关隘有分水岭关、鲁阳关、大关口、方城关、象河关等。

魏长城从魏惠王起，先后修建了用于防御楚国的西南长城，即河南长城。用于防御秦国及西戎的河西长城。魏长城位于管城、荥阳、巩义、新密一带，现存两处郑州青龙山长城遗址和密县长城遗址，均为第五批全国重点文物保护单位。

境内的赵长城，是赵肃侯于公元前333年修筑，史称"赵南长城"。位于黄华南天门外东部的高家庄村东，为河南省重点文物保护单位。有的遗址现存长约10千米，有的存3千米，最短的仅存300余米，还有少数地方已不存在。

二、山东省

山东省内长城遗址主要为战国时期齐国修建的齐长城。

齐长城始建于春秋时期，迄今2600多年，被誉为"长城之父"。齐长城横贯山东省的中部地区，自西向东，先后经过济南市、泰安市、莱芜市、淄博市、潍坊市、临沂市、日照市、青岛市。沿线拥有丰富的文化遗存，如杜庄城堡、牌孤城、鲁地便门、穆陵关、大峰山遗址等。胶南段长城是青岛市著名胜景之一，被称为"少海连墙"。

三、陕西省

陕西省拥有4个不同历史时期的长城遗址，包括战国时期秦国长城和魏长城、秦国大一统后修建的秦长城（以下称秦长城）、隋唐长城，以及明长城。

战国时期秦国长城包括秦国初年修建的秦东部长城和秦昭王长城。秦东部长城位于渭南市和延安市。其中蒲城县长城又被称为"堑洛长城"，现存有一段黄土夯筑墙体和数段堑山遗址。延安市富县境内的秦东部长城又被称为"秦上郡塞长城"。秦昭王长城主要分布在延安市、榆林市境内。2001年6月25日成为全国重点文物保护单位。现存墙体和相关建筑均损毁严重，仅榆林市李家畔村中一段长城保存比较完好，群众称作"城墙疙瘩"。

境内魏长城为魏河西长城，主要分布于陕西省中东部地区的华阴市、韩城市、延安市境内。现魏河西长城损毁严重，墙体已成断续状，多数地段已无遗迹。仅存墙体 50 余段及多处堑山遗迹。

秦长城主要是战国时期秦昭王在北部疆域修建的长城。

隋唐长城分布于陕西北部的神木市、靖边县，神木市境内的隋长城长约 11 千米，南北走向，分布于窟野河西岸。靖边县境内长城长约 3 千米，呈东西走向，位于白于山北麓东部。

明长城也被称为边墙，是明朝延绥镇长城，途经榆林市和延安市，可分为内、外两道，称为二边、大边，现存长度为 1218 千米。两道长城相距数千米到数十千米，走向呈平行分布。

四、甘肃省

甘肃省境内拥有 3 个不同历史时期修筑的长城，分别为战国时期秦国长城、汉长城和明长城。

战国时期秦国长城主要是秦昭王长城，西起定西市临洮县，呈西南—东北走向，主要分布于定西市、平凉市和庆阳市境内。

汉长城，亦称河西汉塞、河西汉长城，位于河西走廊地区。主要分布于甘肃省兰州市、武威市、金昌市、张掖市、酒泉市、玉门市、敦煌市等境内。境内汉长城以壕堑为主，但因年代久远，大部分壕堑遗址多被流沙掩埋，以烽火台和烽燧线形式存在。

明长城属于明长城西段，有主线和北线。主线位于兰州市、武威市、张掖市、酒泉市、嘉峪关市境内。北线位于庆阳市、白银市、兰州市境内。现存长城长约 1000 千米，每隔 5 千米设置一处烽火台。境内拥有具有"天下雄关"美誉的嘉峪关城楼。

五、宁夏回族自治区

宁夏境内拥有 4 条不同历史时期修筑的长城，分别为战国时期秦国长城、秦长城、宋长城和明长城。

境内战国时期秦长城为秦昭王长城，与甘肃省境内的秦昭王长城相连。位于宁夏南部，途经固原市、中卫市。

秦长城利用了战国时期秦昭王长城，分布范围及保存现状均与先秦时修筑的长城无异。

北宋长城主要分布在吴忠市、中卫市和固原市，由壕堑、墙体、敌台及城堡、烽火台等建筑及设施组成，史称"新壕"或"长城壕"。因为壕堑易崩塌、填塞，历代又因平田损毁，较难长久保留，大部分已难以辨认。

境内明长城始建于明成代年间（1465~1487 年），分布有河东墙、北长城、西边墙和内边墙四条骨干长城，分别位于境内的东部及东北部、北部、西部及西北部，以及东部偏南地区。现存长城墙体总长度约 793 米，已损毁无存的约 94 米。保存较完整或尚存遗迹的墙体约 669 米，其中有敌台、铺舍、城堡、烽火台及相关遗存。

六、内蒙古自治区

内蒙古是全国长城分布非常重要的省区之一，包括战国、秦、汉、北魏、北宋、西夏、金、明等多个历史时期，长城墙体总的绵延长度达 7570 千米，

战国时期长城包括秦国秦昭王长城、燕国燕北长城、赵国赵北长城。秦昭王长城主要分布于鄂尔多斯市。燕北长城主要分布于赤峰市和通辽市，现存南、北两条墙体，相距 10~50 千米。赵北长城贯穿乌兰察布市、呼和浩特市、包头市、巴彦淖尔市，长达 500 千米，沿线调查烽燧 111 座、障城 30 座。

秦长城西部地区为秦始皇时期修建。分布于巴彦淖尔市、包头市、呼和浩特市、乌兰察布市、赤峰市、通辽市境内。东部地区主要利用战国赵北长城和燕北长城，长城全长约 1400 千米，位于包头市固阳县和巴彦淖尔市乌拉特前旗的秦长城保存最为完整。

境内汉长城修建数量多，分布范围广，共 4 道长城，包括一道汉初长城和三道汉武帝时期修筑的长城，位于该区的中东部、中部和西北地区。境内汉初长城即朔方郡长城，基本沿用了秦长城。汉武帝时期长城主要分布于赤峰市、

呼和浩特市、包头市、巴彦淖尔市、阿拉善盟境内。现存汉代长城墙体 2 段（3578 米），单体建筑 184 座（其中汉代烽火台 150 座，汉代城、障址 2 座）。

内蒙古自治区境内共有四条北魏长城。第一条是六镇长城南线，主要分布于包头市和乌兰察布市内的乌兰察布草原。第二条是泰常八年长城，由河套地区的秦汉长城修缮而来。第三条长城是六镇长城北线，分布于乌兰察布市、包头市和呼和浩特市。第四条为太和长堑，分布于锡林郭勒盟。境内的北魏长城沿线现存遗址为墙体、戍堡、古城等，全长 491.072 千米。

境内金界壕是金界壕的主体，呈东西向横贯锡林郭勒盟、包头市、呼伦贝尔市、通辽市、兴安盟、乌兰察布市。金界壕的三条主线和三条支线在内蒙古境内均有，由壕堑、长墙等主体建筑和壕堡、边堡等设施组成。

西夏长城遗址是 2010~2012 年才逐渐被内蒙古考古学界认定的长城遗址，分布在巴彦淖尔市与阿拉善盟地区。发现新忽热古城，现存西夏时期烽火台 17 座，城、障址 15 座。

境内的明长城主要有三道，即外长城、内长城和长城次边。明外长城自东向西，主要分布于该区的乌兰察布市、呼和浩特市、鄂尔多斯市、乌海市、阿拉善盟境内。明内长城自北向南，分布于呼和浩特市境内，全长约 5 千米。明长城次边分布于乌兰察布市和呼和浩特市。明长城相关建筑及设施遗址主要有敌台、城堡、烽火台

境内北宋代长城主要位于鄂尔多斯市准格尔旗境内。沿线数座烽火台形成了一条完整的烽燧线，并存有 3 座宋代城址，丰州故城、永安砦和保宁砦。

境内隋唐长城多是在秦汉长城基础上修筑、加固和改造的。新修的长城仅有两条：一条是隋文帝时期修筑的灵武朔方长城，全长约 350 千米，由西向东穿过今鄂尔多斯市鄂托克前旗南部，遗迹尚存；另一条是隋炀帝所筑的通漠长城，至今未见地表遗存。

七、山西省

山西省境内拥有 5 个不同历史时期修筑的长城，分别为战国长城、北魏长

城、北齐长城、宋长城和明长城，长城总长约 1400 千米。

境内的战国长城现存遗迹主要分布于晋城市境内。基本呈西—东偏南走向，全长约 75 千米。

北魏长城位于山西省北部忻州市境内，并与其后北齐修建的长城连为一体。北齐长城在修建时，利用、重修了东魏长城。

境内北齐长城可分为三处，主要分布于吕梁市、忻州市、原平市、山阴县、朔州市、大同市、晋城市境内。其中北齐天保三年（552 年）修建的长城仅于五寨县境内尚存一段墙体。北齐天保七年（556 年）修建的长城大部分地段的墙体已坍塌，仅有少数地段的墙体保存较好。北齐河清二年（563 年）修建的长城中背泉村、大口村的两段墙体保存尚好。

境内宋长城是在北齐长城基础上修筑的，分布于忻州市苛岚县境内，墙体主要为片石垒砌结构。此段长城可高达 3 米，顶宽达 1.6 米，部分段落顶上仍保留有女墙，周围散落大量宋代瓷片。

境内明长城是山西长城遗存中保存状态最好、设施设备最齐全、建设最完善的部分。分布于大同市、朔州市、忻州市、原平市、阳泉市、晋中市、长治市境内。明代长城总长约 896 千米，单体建筑 3081 处，相关遗存 27 处、墙体470 段，关堡 344 座。其中黄河岸边长城全长 90 多千米，多劈山为墙，墙体均为黄土夯筑。

八、河北省

河北省境内拥有战国、秦、汉、北魏、北齐、唐、金和明 8 个不同历史时期修筑的长城。

境内战国长城包括中山国长城、燕长城和赵长城。中山国是春秋战国时期的诸侯国，地处燕、赵两国之间，中山长城主要呈断续状分布于今河北省保定市。燕长城包括燕北长城和燕南长城。分布于张家口市、承德市、保定市、廊坊市等境内。赵长城含赵北长城和赵南长城。赵北长城主要分布于张家口市，赵南长城位于邯郸市。

境内的秦长城，是秦统一六国后在部分原燕国北长城和赵国北长城的基础上新修建的一道防御工事。分为东、西两段，东段分布在承德市境内，西段分布在张家口市，全长 676.5 千米。

汉长城，主要分布在张家口市和承德市。部分利用了原赵北长城和秦长城，也有新修建的长城，还有以墙体和列燧并存的长城。

北魏长城主要分布于张家口市和承德市境内。

北齐长城，系北齐文宣帝于天保六年（555 年）修建。主要分布于该省张家口市和秦皇岛市境内。其中，张家口市境内的北齐长城系沿用北魏长城。

唐代长城始建于唐开元年间（713~741 年）。主要位于张家口市境内。除墙体外，现存的相关建筑及设施遗址主要有戍堡、烽火台现存的戍堡遗址，如康庄障城、八里庄障城。

金长城属金界壕南线，主要分布于该省承德市、张家口市境内。现存的相关建筑及设施遗址主要有城堡、马面和烽火台、戍堡。

明长城，东起山海关的老龙头，途经秦皇岛、唐山、承德、张家口、石家庄、保定、邯郸等地。其中著名遗址有天下第一关——山海关、金山岭长城、大境门长城、角山长城、唐山青山关段等。

九、辽宁省

辽宁省境内拥有 6 个不同历史时期修筑的长城，分别为战国长城、秦长城、汉长城、辽长城、北齐长城、明长城。

境内战国时期燕长城属燕北长城。燕长城和有关遗迹，自鸭绿江西岸由东而西，主要分布在今丹东市、本溪市、抚顺市、沈阳市、铁岭市、阜新市、朝阳市境内。各段燕长城因所处地理位置不同，相间有石墙、夯土墙，还有因山设险而无人工墙体的。

秦长城与战国燕长城并称为"燕秦长城"。秦长城就是利用了燕长城，两者本来就是一体的。很难区分，特点相近。

境内汉长城为汉长城的东端，分布于丹东市、朝阳市、锦州市、抚顺市、沈阳市境内，既有沿用燕、秦时期的长城，也有沿线新修筑的长城和列燧。

辽长城分布于大连市甘井子区，后世简称"哈斯罕关"。截至 2017 年，哈斯罕关仅存一个瞭望台和两段辅墙，附属的马面、关门等设施已经荡然无存。

北齐长城始建于北齐，扩建于明朝。位于葫芦岛市绥中县九门口。西南距山海关 15 千米，正南距姜女庙 6 千米，北与河北省秦皇岛市抚宁区相毗邻，后为明长城的重要关隘。

境内的明长城，亦称辽东边墙、辽东镇长城。辽东山地明长城分布在丹东、本溪、抚顺和铁岭 4 个市。辽河平原地区明长城分布于铁岭、沈阳、辽阳、鞍山、盘锦和锦州 6 个市。辽西丘陵地区的长城分布于阜新、朝阳、锦州和葫芦岛 4 个市。辽宁省现存明长城墙体 1075 千米，许多墙体损坏严重或已经消失。现存有效墙体约 696 千米，沿线 1 千米带宽范围内现存的相关建筑及设施遗址主要有关、堡、敌台和烽火。

十、吉林省

吉林省境内拥有的古长城分别为汉长城、唐长城和金界壕。

吉林通化市通化县境内分布有汉烽燧线，12 处烽燧、1 处关堡、1 处相关遗存。烽燧线蜿蜒 52 千米，向西与辽宁省境内的汉长城连为一体，该遗址的发现，使秦汉长城最东端向东推进了 10.9 千米。与汉烽燧线相关的有南台子古城一座。

唐长城遗址分布于长春市和四平市境内，又被称为老边岗土墙，老边岗土墙遗迹如今已经零零散散，大多数边岗土墙原址已被损毁，由简单夯土砌筑的墙，有些地方还依稀可见鱼脊一样微微隆起的带状轮廓，沿线的小土包基本上是烽火台。此外，境内还存有唐代渤海国延边边墙，分布在延边朝鲜族自治州的山地和丘陵地带，延边边墙长度为 114 千米，段落 58 段，烽火台 86 座，关堡 5 处，铺舍 3 处。

金代边墙分布在延边朝鲜族自治州和龙、龙井、延吉、图们、珲春 5 个市的长白山腹地。边墙长度为 114 千米，其中 101 千米为新发现的墙体。境内现存与金代边墙相关的建筑及设施遗址主要有关堡、铺舍和烽火台、水南关。

十一、北京市

北京市境内拥有的古长城分别为北齐长城和明长城。

北齐长城包括北齐三次修筑的长城，基本位于该市的北部和东部地区。考古调查资料证明，由于明代修筑长城主要借助于已有的早期长城，北齐长城多被明长城利用或覆盖，故今北京地区仅存 5 处北齐长城遗迹，分别位于密云、怀柔、昌平、门头沟等区境内。境内现存的北齐长城相关建筑及设施遗址主要有戍堡。

明长城始建于明洪武元年（1368 年），主要分布在北京的东北部、北部和西北部山区，形成半环状布列的特点。基本随燕山走势分布。从东至西，先后穿越北京市的平谷、密云、怀柔、昌平、延庆、门头沟 6 个区，途经 32 个乡镇，125 个自然村，总长度约 629 千米。其中主干线长城约 539 千米，复线、支线长城约 90 千来。北京市境内现存的明长城墙体和相关建筑及设施，主要有城堡、关口、敌台、马面、炮台、挡马墙、登城步道、窑址、烽火台等。著名明长城遗址有八达岭长城、居庸关长城、慕田峪长城和司马台长城等。

十二、新疆维吾尔自治区

新疆境内拥有的古长城分别为汉长城和唐长城。境内已发现长城遗址共有近 600 处，包括 200 座烽燧、372 座城池和遗址以及 22 座戍堡。

汉长城始建于西汉太初四年（公元前 101 年），意在保护丝绸之路的畅通，新疆境内的汉长城，基本沿丝绸之路的南、北两道，分为南、北、中三道。汉长城三道采用列燧的形式，由烽燧及城堡、皮堡、居住址等构成连接内地与西域的防御体系。沿线的烽火台及相关建筑、设施等，均遭受不同程度的损毁，有些已经残破不堪，甚至踪迹全无。

唐长城沿三条古丝绸之路而建。现存新疆维吾尔自治区境内的唐长城，采用列燧的形式，由烽火台及城堡、戍堡、居住址等构成连接内地与西域的防御体系。由于风蚀、盐碱侵蚀等自然原因，加之人为破坏，丝绸之路沿线分布的烽火台及相关建筑、设施等均遭受不同程度损毁，有些已残破不堪，甚至踪迹全无。境内现存的相关建筑及设施遗址主要有城堡、戍堡、驿站、守捉等。

十三、天津市

天津市内长城为明长城，全部位于天津市蓟州区北部山区，与北京市平谷区明长城相连，全长约 41 千米。有 176 段长城墙体，景观优越、建设技艺高、长城体系完整。天津境内现存的明长城，主要建在北部地区的崇山峻岭中，约一半地段利用险峻的山势，或直接借助陡峭的山脊及悬崖峭壁等山险作为天然屏障。现存的相关建筑及设施遗迹主要有关隘、城堡、居住址及敌台、烽火台、烟灶、火池、水客、黄崖关、黄崖关水关等。经修复后，恢复了关城内的八卦街和城北凤凰楼及大量附属设施。

十四、青海省

青海省境内长城为明长城，西起祁连山南麓，东接甘肃的河西长城。分为主线和辅线，主线长城自东向西，主要分布于海东市、西宁市境内。辅线为主线长城的配套设施，多建在处于交通要道上的关隘处，主要分布于海东市、西宁市、海南藏族自治州，海北藏族自治州境内。长城有墙体、壕堑、烽火台、关、堡等，全长 363 千米。

十五、黑龙江省

黑龙江省内金界壕全长达 200 千米，主要分布于黑龙江省齐齐哈尔市。现有两处文化遗存，碾子山区段金界壕由东北路、西北路与西南路等路所组成，长度为 9.77 千米，设有烽火台 3 座，马面 54 座，堡城 2 座。龙江县段面积约为 483.5 公顷，2001 年 6 月 25 日成为全国第五批重点文物保护单位。

第二节　自然环境特征

一、地形特征

长城区域地处中国中北部，横跨 39 个经度，以黄河流域为其骨架，从东北向西北延伸，由 15 个省市区构成，区域面积约占现国土面积的一半。长城地区地形复杂多样，高原、山地广阔，地势高低反差明显，作为自然地理物质基础的地貌，对本地带自然景观的形成与演变影响巨大。

在地貌特征上表现为西高东低。主要是高原和山地，由西向东逐级下降，祁连山脉至阿尔金山脉构成区内最高一级地形阶梯，海拔一般 4 千米~5 千米，是青藏高原的东北边缘地带。祁连山北缘外侧至大兴安岭、太行山一线为第二级地形阶梯，由广阔的高原和盆地组成，海拔在 1 千米~4 千米，分布有准噶尔盆地、河西走廊和阿拉善高原、内蒙古高原和黄土高原、六盘山、吕梁山、太行山、阴山等山地。地表形态区别明显，或梁峁连绵、牧草丛生，或沙丘累累。东部的华北平原是最低一级地形阶梯，由黄河、海河、滦河、淮河冲积而成，平均海拔一般在 50 米左右，以低山和平原地貌为主。辽东丘陵坐落在辽东半岛，由变质岩和花岗岩组成，地面切割破碎，海岸曲折，多港湾、岛屿。长白山、千山海拔为 500~1500 米，从低海拔的谷地和平原仰望，亦是巍峨。东北平原海拔多在 200 米以下，地势低平，沃野千里。

二、气候特征

长城区域自然地理位置东西辽阔，地表结构复杂，自然景观多样，且特色鲜明。

气候分布上，以大兴安岭、阴山、贺兰山、六盘山为界，该线西北广袤地区为西北干燥气候区，全年虽也有风向季节变化现象，但无明显的旱季与雨季之分。该线东南（鄂尔多斯高原、黄土高原以东部分）全年季风现象明显，属于东南季风气候区，夏季湿热多雨，冬季干燥寒冷。典型的大陆性季风气候与内陆干燥气候并存，多数地方夏季暖热多雨，冬季寒冷干燥。

此外，除青藏高原气候区内的北部和东北部外，该地区自南向北分属暖温带和中温带。年降水量东西分布不均，由东至西、从东南向西北逐步递减，呈现出湿润—半湿润—干旱的变化趋势。长城地区降水量季节分配不均，降水集中在 5~9 月，大致沿大兴安岭—内蒙古与吉、辽、冀边界—阴山东麓—陕北中北部一线到兰州为 400 毫米（年）降水量线，可将长城地带划分为半湿润区和半干旱区；大致沿内蒙古中部—贺兰山—祁连一线为 200 毫米（年）降水量线，是半干旱区和干旱区的分界线。年降水量 200 毫米以下的地区多为荒漠，除有灌溉水源的绿洲外，自然环境较恶劣，人烟稀少。

综上所述，可将长城地区划分为 12 个气候大区类型，包含 4 个中温带、4 个暖温带和 4 个高原气候区。其中 4 个中温带分别是龙岗山区的中温带湿润大区，辽河下游平原的中温带亚湿润大区，辽河上游、内蒙古中南部、河北西北部、山西北部的中温带亚干旱大区，以及河套至兰州段、黄河以西至河西走廊地区的中温带干旱大区。4 个暖温带分别为千山山地的暖温带湿润大区，天津、北京、河北中南部的暖温带亚湿润大区，山西中南部、陕西西北部的暖温带亚干旱大区，以及玉门关以西至塔里木河以北地区的暖温带干旱大区。4 个高原气候区，即洮河流域的高原亚寒湿润大区、洮河流域高原温带湿润大区、洮河流域高原温带亚干旱大区和祁连山区高原亚寒亚干旱大区。

三、水系特征

受地质和地貌的影响，长城地区水系亦由东至西呈水域分布不一、由河流众多到干涸无水之状态，水域大体由嫩江、辽河、海河、漳河、黄河中段、汾河、渭泾北洛河、洮河、河西走廊冰雪融水河流、孔雀河和罗布泊等构成。

（一）河流

以大兴安岭—阴山—贺兰山—祁连山（东端）一线分成内、外流，此线以东、以南为外流区域，以西、以北为内流区域。其河流特点是水系分布不均，多数河流分布于外流区域，内流区域河流少且水量小。外流区域属季风气候，降水丰沛，河流众多，水系庞大；内流区域气候干旱，降水稀少，蒸发旺盛，水系不甚发达。该地带的水系状况可细分为 12 个小流域，各流域因气候、地质、地貌等的不同而各有特点。

东部外流区域有 10 个，即辽河流域、滦河流域、海河流域、漳河流域、黄河中游、汾河流域、渭河—泾河—北洛河流域、洮河流域、嫩江流域和海拉尔河·克鲁伦河流域。内流区域有河西走廊诸冰雪融水供给河流流域和孔雀河两个流域，属于欧亚内陆流域的一部分。距海遥远，水道河网不甚发育，甚至出现无流区。

（二）湖泊

长城地区虽不在中国湖泊密集分布区之内，但也有相当数量的湖泊。本地带外流区域以淡水湖分布为主，与各类河流息息相关，不少是河流的直接产物，湖泊多为某水系的组成部分。

内流区域以咸水湖或盐湖为主，湖泊自成系统，在湖水闭流、不能外泄或干旱等蒸发量超过补给量条件下，湖水不断浓缩，形成不同的盐类液体矿床，发展到晚期遂成干涸的盐湖。长城地带的湖泊属于中国五大湖类型中的三大湖区，即东部湖区、东北湖区、蒙新湖区。

东部区湖泊多与地壳沉陷或河道演变有关，海拔低、湖盆浅、水深平均不足 4 米，属浅水湖类型。东北区湖泊成因于地壳下沉、地势低洼、排水不畅，加上某些地层不透水、地表积水等，水浅、面积小。面积大者多与火山活动有关。蒙新区湖泊多位于黑河以西，分布零星，面积较大，多系构造湖。黑河以东的小型湖泊分布在沙丘之间，多是风成湖。

（三）沼泽

本地带的沼泽有泥炭沼泽和潜育沼泽两类，前者分布于东北寒温带和温带湿润地区，其次是青藏东部、东北部；后者以东部平原和滨海地区较多，蒙新内陆干旱地区较少。

四、生物特征

长城地区的土壤植被与动物种类，与本地带的自然环境融为一体，是世界上同纬度植物种属和土壤类型最丰富多样的地区之一。

（一）植被与植物

本地带的土壤包含了世界上温带区域的各种类型，肥力较高。植被类型复杂多样，森林植被、草原植被、荒漠植被三大类型俱全，隐域性植被类型中如盐生植被、草甸植被、沙丘植被、沼泽植被等也多有分布。植被与土壤分布呈地域性特征，不同地带内还有隐域性特征和垂直带构造。

水平分布受季风和地形影响，从西至东降水逐渐增多，依次为荒漠、草原和森林。从黄土高原东南边到大兴安岭一线以东为森林，从西侧青藏高原向东北到内蒙古中部一线以西为荒漠，二者之间为草甸、高山灌丛、草原。东部森林区域雨量丰沛，从北向南具有明显的纬度地带性，大兴安岭以北为寒温带落叶阔叶林，向南依次有温带落叶阔叶林、红松混交林和以暖温带栎林为主的落叶阔叶林等。

植物种类十分丰富，包含有泛北极、泛热带和古地中海等各种地理成分的属种，与世界其他地区植物区系存在广泛的联系，尤其是与北温带，古地中海及北美区的联系更为密切。区域内山地普遍分布有云杉、冷杉。在西北荒漠植被中，也存留着一些古地中海或古南大陆的孑遗属科，如蒺藜科的白刺、骆驼蓬、油柴、木霸王，豆科的沙冬青，蔷薇科的绵刺，以及裸果木科的裸果木等。青藏高原区域树种成分偏向于旱性。在西部的干旱草原和荒漠地区，受水分不足的影响，森林仅在山地迎风坡或阴坡才能生长，平地植物从东向西由禾本科为主的干草原和禾草、灌木为主的荒漠草原，过渡到以多年生灌木为主的荒漠。

（二）动物

长城地区的动物分布与植物群落分布关系密切。从东北向西分为东北区、内蒙古—新疆区和华北区三个区域。东北区包括大兴安岭和长白山南段森林草原地带及山麓一带的森林草原区，动物以啮齿类为多。内蒙古—新疆区包括内蒙古、西北（昆仑山、祁连山地以北）及辽河平原等地，动物种类较少，多啮齿类、有蹄类和爬行类等。华北区包括黄土高原和华北平原北部，农耕悠久，天然林较少，森林动物亦较贫乏，田野沟壑间亦以啮齿类动物为多。

第三节　人文环境特征

一、民族特征

万里长城跨越中国北方大地，横贯辽宁省、内蒙古自治区、宁夏回族自治区、甘肃省、陕西省、山西省、河南省、河北省、北京市、天津市、山东省、吉林省、黑龙江省、青海省、新疆维吾尔自治区，范围之广、长度之长，举世无双。从古至今存在众多民族沿长城带生活居住。

鲜卑、乌桓、匈奴、羌、氐、东胡等少数民族从秦汉时期开始，持续来往于长城内外，跟汉族错居杂处，来往密切。汉末魏晋时期，随着大批少数民族内迁，与汉族杂居，形成"戎狄居半"的局面。同时，汉族也大面积迁入河西走廊、大漠南北和西域等地，与羌、氐、月氏、匈奴等民族杂居，甚至成为其中的一员。隋唐时期，长城带各民族间经过长期交流、通婚，在社会生活、语言、姓氏、文化、经济、生活习俗等各方面融为一体。随后，长城带各民族于两宋时期又进行了一次大迁徙，契丹、铁勒、女真、突厥、沙陀等民族，大规模迁往各地，致使大量汉族人民及其他民族人民迁回原居地，各民族大混杂。元、明及清初，满族、回族、蒙古族、色目族等民族第三次大迁徙，形成新的民族大融合。

时至今日，长城带上部分民族如突厥、党项、女真、沙陀等随历史发展已经消失在历史的长河中，由当今分布在长城带的20余个民族，如汉族、蒙古族、哈萨克族、柯尔克孜族、塔吉克族、达斡尔族、鄂伦春族、鄂温克族、赫哲族、锡伯族、裕固族、回族、维吾尔族、东乡族、撒拉族、保安族、乌孜别克族、塔塔尔族、朝鲜族、满族、土族、藏族等，成为构成新的中华民族实体的重要组成部分。整个长城带形成以汉族为主体的大杂居小聚居的居住特点，各民族在长城带各地继续交流合作，进行新的民族融合和发展，形成"你中有我，我中有你"的相互交融的和谐的民族关系。

二、经济结构特征

中国传统经济文化在独特的地理特征和气候特征影响下，形成"两区三带"的局面。"两区"分别为西部的畜牧业经济发展带和东部的农业经济发展带，两者以大兴安岭、阴山、贺兰山、横断山脉一线为界。"三带"分别为水田农业经济发展带、旱作物农业经济带和畜牧业经济发展带，以淮河、秦岭、阴山、燕山、东北平原为界划分开来。长城带地区以农业经济为基础，以畜牧业为重要经济补充，构成完整的经济体。

长城以南，以传统农业经济为主。早在新石器时代就存在土地的垦殖。此后随着王朝的交替、中原势力的扩展、农耕地区铁器的普及、技术的改进、水利的兴修等，农业经济通过移民实施的民屯、军屯和商屯等形式逐步向北扩展。如今，长城地区的农业经济区有大兴安岭、东北、京津冀及北部山地、山陕农地、蒙南及宁夏、陇中河西和新疆等地区。

长城以北，以畜牧业经济为主。马、驼、牛、羊、驴是游牧民的宝贵资财与立业之本，马匹的放养与管理不仅成为游牧民的专门产业，更是游牧国家强盛的物质条件。草原畜牧业的发达，还体现在马匹、车辆配套和装饰的青铜器具的制造以及独具特色的毡罽、毡毯纺织制品的编织等方面。奶制品的享受、茶酒的嗜好是游牧人日常生活内容的组成部分，茶酒既是汉地悠久的传统，也是游牧人的最爱。

三、生活习俗特征

受主导文化和所处自然地理条件等因素的影响，长城区域各族人民在生产和生活中的物质习俗和精神习俗上有着各自独特的民族文化。另外，长城作为民族文化交流的纽带，各民族在这里频繁交往，友好相处，在文化上相互汲取彼此的优点，使长城地区民族文化既色彩纷呈，又在一定程度上具有某些趋同性的特点。

（一）服饰习俗

蒙古族、哈萨克族、柯尔克孜族、藏族、裕固族、塔吉克族、达斡尔族、鄂伦春族、鄂温克族等从事畜牧业的民族，往往以各种较为宽大的皮质长袍为男子传统服装，但又有开襟、大襟和左衽、右衽及是否开衩之别，领口、袖子等制作各有区别，所用材料、缝制工艺和装饰也各有特色。冬季，牧民的皮帽也形式各异。有些以农业为主的民族虽然多穿着较短和较为紧身的上衣，但比中国南方的农业居民服装要更宽大一些。而女子服装在适应北方气候条件和经济生活的前提下，更多地表现了各民族之间的较大差异，充分反映着各民族的文化特点。例如，柯尔克孜族饰有珠子和羽毛的大红缎面水獭皮帽、塔吉克族有特色不同带护耳的圆顶绣花棉帽；维吾尔族宽袖连衣裙、朝鲜族多褶长裙、哈萨克族带绉边的连衣裙虽同为长裙，但风格殊异。

（二）饮食习俗

长城带地区的畜牧业民族的传统饮食是以肉为食、以乳为饮，与农业居民以粮食、蔬菜为基本食谱的饮食习俗形成鲜明对比。在牧区，牧民世代牧放着牛、羊、马、骆驼和牦牛等家畜，这些牲畜为人们提供了生活的必需品，牧民一日三餐都离不开肉、奶和乳制品。奶茶是蒙古族、哈萨克族、柯尔克孜族等民族必不可少的饮料。同时，牧民也有不少便于携带的传统干粮食品，如蒙古族的炒糜子、哈萨克族的"包尔沙克"（羊油炸面团）、哈萨克族和柯尔克孜族的烤馕等。

以农业为主要经济基础的民族在米、面食品的制作上，各有绝活，如回族的拉面、酿皮，维吾尔族的抓饭、烤馕等。但是，由于长城带地区较为适宜小麦等农作物生长，一般来说，分布在长城带的各民族，包括汉族和各少数民族，在米、面两类食物中，通常更多食用面食。赫哲族、鄂伦春族、鄂温克族等民族渔猎和采集在经济生活中占有重要地位，赫哲族的传统食品以鱼为食，有干鱼、腌鱼和"炒鱼毛"等风味食品；鄂伦春族和鄂温克族是以野味为肉食，狍鼻等是自古以来的待客上品。

（三）居住习俗

长城带地区气候条件相差不大，在居住习俗方面，大致分为两种类型。从事游牧和游猎的居民多以蒙古包、毡房、帐篷和"仙人柱"为传统的住房形式。以农业为基础经济的居民有的居住在土坯、夯土或砖修砌的长方形或正方形的固定房舍，有的居住在窑洞，其建筑式样则各民族和各地区有所不同。因为西北地区降水较少，屋顶相对较平，东北地区屋顶坡度较大。长城带地区各地房屋一般都有院落，修建有各种式样的门楼。院落形式略有差异，既有北京的四合院、山西的多进多套院，又有华北和西北地区以南房为正房、配有其他辅助房屋的住房布局。布置和安排住房时，各民族有不同的习俗，如塔吉克族在一间大屋中砌有三铺大土炕，祖孙三代共居一室。维吾尔族房门前搭有葡萄架，遮阳避暑，门前还砌有供休息用的土台，屋内悬挂壁毯；朝鲜族室内排列着整齐的大壁柜，厨房与住房在同一排，互相连通等。

（四）生产习俗

长城带地区的农业居民因在相近纬度线上从事农业生产，在农业生产技术方面有许多相近的内容，适于北方地区条件的农业生产新技术在长城带地区也比较容易推广。

长城带地区的畜牧业在从事生产过程中各有特色。例如，鄂温克族经济中狩猎业占有重要地位，由于他们崇拜熊神，曾经的猎熊仪式非常烦琐，既有不能说"打熊""熊死了"等这类禁忌的话语，又制定有狩猎、熊肉分配的规矩。满族有捕捉和训练狩猎用的猎鹰"海东青"的习俗，对于捕捉、训练猎鹰的时间都有约定俗成的规矩。蒙古族、满族、锡伯族等民族过去有围猎习俗，讲究分工合作，怎样分配任务、如何射杀兽类动物等，均有传统办法。鄂伦春族、鄂温克族等民族在得到猎获品后，保存着原始的平均分配食物的习俗。但由于历史上这些民族都在长城带地区游牧，相互间有些在族源上还有某种联系，他们的畜牧生产习俗有许多相似性，各牧业民族都信仰诸多的牲畜保护神，都有观察天气、草情的习俗。

（五）节日习俗

节日民俗是岁时习俗的特殊表现形式。长城带地区少数民族众多，拥有丰富的节日习俗。其中最盛大的还数春节，鄂温克族、赫哲族、锡伯族、蒙古族、汉族、鄂伦春族、裕固族等民族在农历新年，会有守岁、拜年、祭祀先祖等习俗。其他民族的新年日有所不同，如藏历正月初一是藏族新年，春分日为柯尔克孜族和哈萨克族的新年，又称"切脱恰特尔节"。各族人民对春节都极为重视，以求来年风调雨顺、万事俱好等美好愿景。

长城带盛行的传统节日还有元宵节、清明节、端午节、七巧节、中秋节、重阳节等。此外，蒙古族会在每年夏秋之际举办那达慕大会，信仰伊斯兰教的民族会过古尔邦节、开斋节、圣祭节这三大伊斯兰教传统节日。由于各民族间交往密切，在节日习俗上，各民族也互相学习和借鉴，如今，春节已经成为许多民族共同的节日，元旦、国际劳动节、国庆节等节日也成为全国各族人民共同庆贺的节日。

四、宗教信仰特征

在历史发展过程中，由于受到各种宗教势力的不同影响，长城带地区各民族先后信奉了不同的宗教，一些民族宗教信仰曾有过变化。汉族、蒙古族、维吾尔族、柯尔克孜族等民族先后曾经信仰过祆教、摩尼教、景教、道教、佛教、藏传佛教、伊斯兰教等不同宗教。当代各民族宗教信仰也各不相同。

（一）原始宗教

历史上许多游牧民族普遍信奉各种原始宗教。至今，在长城带地区的一些民族中，特别是在长城北端的东北地区的各民族中，以萨满教为代表的各种原始宗教依然有许多表现。满族、赫哲族、鄂温克族等民族认为"萨满"能够承担人类世界与神灵世界沟通和交流的使命。

（二）伊斯兰教

回族、维吾尔族、哈萨克族、柯尔克孜族、东乡族、撒拉族、保安族、塔吉克族、乌孜别克族、塔塔尔族这 10 个民族信奉伊斯兰教。伊斯兰教徒被称为穆斯林，他们信奉的主要教义是信仰真主为唯一的神，穆罕默德是真主的使者，《古兰经》是真主启示的圣典，世间的一切都是真主的"前定"。中国穆斯林多数属于伊斯兰教的主流派——逊尼派，但也存在什叶派、依禅派等不同教派。

（三）佛教

佛教自东汉时期传入中国后，就广泛流传于长城带地区。在这里产生和流传过许多中国佛教教派，并在长城带附近的佛教传播活动中，留下了敦煌石窟、云冈石窟、麦积山石窟、炳灵寺石窟、安西榆林窟、武威天梯山石窟、肃南的马蹄寺石窟和文殊山石窟、五台山佛寺群、北京广济寺、张掖大佛寺、武威罗什塔等许多著名的佛教文化遗迹。与佛教相关的仪式有浴佛仪式、行像仪式、盂兰盆会等。除汉族中有部分信仰佛教外，长城带地区的朝鲜族、满族等民族中也有少数佛教徒。

（四）藏传佛教

藏传佛教是喇嘛教，在长城带地区也广为传播。在发展过程中，有红教、白教、花教、黄教等教派，现以黄教为主要教派。达赖、班禅及其他活佛采用转世办法相承。长城带附近居住的藏族、蒙古族、裕固族等民族普遍信仰藏传佛教，锡伯族、鄂温克族、达斡尔族、柯尔克孜族等民族中也有少数人信仰藏传佛教。在长城带地区还留存有一些著名的藏传佛教寺庙，如北京的雍和宫、甘南的拉卜楞寺等。

（五）道教

道教是发源于中国本土的传统宗教，在历史上广泛流传于长城带地区，创建有全真派、正一派等，在长城带地区修建了许多道教宫观。近代依然在民间通行各种道教活动，遇到丧事、灾病、修建新住宅等，人们时常请道士做道场，进行"打醮"。一些汉族群众和少数与汉族杂居的民族仍然是道教信徒。除此之外，还有一些人信奉太上老君、张天师、玉皇大帝、王母娘娘等，供奉城隍、土地、灶神等神像。

（六）其他宗教

基督教和天主教在长城带地区的城镇乡村中，也有一定的流传，许多城市曾经建立了一些教堂，在北京就有西什库教堂、王府井教堂等。除在汉族中有流传之外，基督教在朝鲜族中拥有不少信徒，俄罗斯族和少数鄂温克族信仰基督教中的东正教。

第四节　沿线区域发展现状

一、沿线区域经济发展

根据统计年鉴数据计算，2019 年，长城国家文化公园沿线涉及 15 个省级行政区的地区生产总值占全年国内生产总值约 34%。总体而言，过去十几年间，长城国家文化公园沿线省级行政区的经济总量稳步提升。但值得注意的是，与全国总量相比，沿线各省级行政区的发展水平还有较大的发展空间。

根据国家统计局网站和长城沿线各省级行政区政府门户网站的数据及相应计算，2020 年年末，全国城镇人口比重为 63.89%，长城沿线各省级行政区的城镇人口比重平均约为 65.18%；2020 年，全年全国居民人均可支配收入为 32189 元，长城沿线各省级行政区的人均可支配收入平均约为 30547 元，低于全国平均水平。2019 年，全国人均 GDP 增长率为 5.7%，而长城沿线超过半数的省级行政区人均 GDP 增长率低于该数值。

上述数据可以表明，过去十几年间，长城沿线 15 个省级行政区总体在经济总量、城市化水平和人民生活等方面有所发展，但作为整体与全国平均水平相比，还有较大的进步空间。尤其是东北三省，近年来经济发展乏力，多项指标上均未达到全国平均水平。

二、沿线区域生态发展

长城带区域大部分位于中国西北沙区，历史上受毁林开垦和长年战乱等因素影响，加之近年来人口激增，进一步加剧垦殖强度，反复破坏该区域的天然植被，导致生态失衡，环境恶劣，经济发展严重受阻。

早在战国时期，长城带区域的原始森林资源由于各诸侯国相继修葺城墙而被大面积破坏，加之辽、明、清几代的影响，使得森林面积骤降。中华人民共和国成立初期，沿线区域仍存留部分森林资源，但受人为和自然两方面因素的影响，近几十年来森林面积不断减少。截至 2000 年，长城带沿线大部分地区的森林覆盖率均低于 16.55% 的全国平均值，其中，甘肃省森林资源覆盖率为 4.83%，宁夏回族自治区森林资源覆盖率为 2.20%，内蒙古自治区森林覆盖率为 1.16%、新疆维吾尔自治区的森林覆盖率仅为 1.08%。该区域植被以天然次生林为主，具有少面积、低覆盖率、分布不均的特点。受此影响，水土流失现象十分常见。该区域特有的荒漠灌木丛和胡杨林景观日渐衰退。

山西偏关至辽宁丹东一带，由于连年降雨量极低，使得成片林木枯黄，农田大面积减产，部分地区饮水甚至成为难题；甘肃、宁夏、内蒙古及陕西长城沿线，很多区域水资源由于林草植被遭到严重破坏而匮乏，地貌以荒漠草原、沙漠和沙地为主，植物生存境况极其严酷；新疆汉长城经罗布泊、阳关、玉门关至甘肃明长城段，地貌以戈壁、沙漠和沙地为主。虽然历史上该区域高山上曾生长一定数量的森林，用以调节冰川融水和大气降水，滋润绿洲，但是长期资源滥用使得龙首山和马鬃山变成不毛之地，祁连山、天山的山地森林面积也日渐衰退，干旱荒漠的水资源短缺现象愈加严重。

三、沿线区域旅游发展

长城是中华文明的瑰宝，是世界新七大奇迹之一。沿线拥有大量丰富的旅游资源。部分地段长城在有效保护基础上进行开发利用，成为各省区市重要的旅游景点，既增强了当地旅游经济的发展，也促进了长城文化的传播。

全国 15 个省（市、自治区）中，作为景点被游客所熟知的长城景点主要包括北京市境内的八达岭长城、慕田峪长城、古北口长城、箭扣长城、司马台长城、居庸关长城，天津市境内的黄崖关长城，河北省境内的山海关长城、金山岭长城、大境门长城，山西省境内的雁门关长城，甘肃省境内的嘉峪关长城、玉门关长城，宁夏境内的水洞沟长城遗址，陕西省境内的镇北台，山东省境内的齐长城遗址，辽宁省境内的九门口长城、虎山长城等。

北京市在长城旅游资源开发利用上较为成熟，是我国长城旅游发展的杰出代表。境内长城占全国长城资源的 5.38%。在北京北部山区中，与长城相关的风景名胜区 8 处、历史文化村镇 14 个、民俗旅游村 165 个。其中最负盛名的景点非北京八达岭长城莫属，史称"天下九塞"之一，每年吸引大量海内外游客。迄今为止，已有尼克松、撒切尔夫人、奥巴马等 300 多位知名人士登上过八达岭长城。此外，被称为"危岭雄关"的慕田峪长城、拥有中国长城史上最完整的长城体系的古北口长城、被长城专家罗哲文教授赞为"长城之最"的司马台长城、形如满弓而得名的箭扣长城、"天下九塞"之一的居庸关长城均为北京市内被大家所熟悉的长城胜景。

天津境内著名的长城景观为黄崖关关城，是"津门十景"之一，景名"蓟北雄关"。黄崖关亦称小雁门关，山势陡峭，有"一夫当关，万夫莫开"之势。相关景点包括黄崖正关和水关，黄崖正关因城内有八卦街，也被称为八卦城。自 1999 年至今，黄崖关已成功举办 15 届黄崖关长城国际马拉松旅游活动，是国际十大最酷马拉松线路之一。

河北省境内长城资源占全国重要位置，山海关长城、金山岭长城、大境门长城等众多长城精华汇聚于此。山海关长城是万里长城的入海处。享有"中国三大长城奇观"之一（东有山海关、中有镇北台、西有嘉峪关）、"两京锁钥无双地，万里长城第一关"等美誉，与嘉峪关遥相呼应，闻名天下。景区内有老龙头长城，是长城入海的端头部分，被称为"中华之魂"。还有为"孟姜女哭长城"而修建的孟姜女庙等景点。角山长城是万里长城的第一座山峰，又称它为"万里长城第一山"。大境门被称为"万里长城第一门"，是长城四大关口之一，也是长城中唯一一座以门命名的关口。景区有山神庙、小境门、西太平山长城公园等众多明清历史遗迹。金山岭长城享有"万里长城，金山独秀"的美称，众多摄影爱好者慕名而来。

　　山西长城作为旅游资源的开发和利用目前尚属于起步阶段。省内著名的长城旅游景点主要为雁门关风景区，2017 年被评为国家 5A 级旅游景区。雁门关下旧广武城是山西省现存辽代古城中最完整的一座，保存了大量古代战场的文化信息。与雁门关、明长城唇齿相依。古人云"三门为堡，四门为城"，而旧广武城虽有三座城门，也被称为"城"，显得十分独特。2019 年，旧广武村入选第七批中国历史文化名村。

　　陕西省境内著名的长城旅游景点为镇北台，位于榆林市境内，是长城现存最大的烽火台，被誉为"万里长城第一台"，与山海关、嘉峪关并称为长城三大奇观。可俯瞰榆林城和红石峡水库，景色壮观。

　　甘肃境内著名长城景点为嘉峪关和玉门关。嘉峪关长城是国家 5A 级旅游景区，是目前保存最完整的明代古代军事城堡关，河西第一隘口，也是丝绸之路上的重要一站，是"中国三大长城奇观"之一。玉门关因西域输入玉石时取道于此而得名，故址在今甘肃敦煌西北小方盘城。现存关城呈方形，四周城垣保存完好。敦煌境内拥有保存最为完整、现存距离最长的汉长城，极具观赏价值和研究价值。耳熟能详的古诗词"羌笛何须怨杨柳，春风不度玉门关"中的玉门关即出自此处。

　　宁夏最具代表性的长城遗址位于水洞沟景区内，是中国保存最好的长城立体军事防御体系。地处宁夏与内蒙古分界线上，经过修复与保护，游客可以站在长城观景台上，一边是农耕民族，一边是游牧民族，感受长城的雄壮和祖国的辽阔。

　　辽宁境内的长城景点有九门口长城和虎门长城。九门口长城不但被誉为"京东首关"，而且是中国万里长城中唯一的一段水上长城。九江河从城下的九道水门飞流直下，进而呈现出"城在山上走，水在城下流"的壮观场面。万里长城的首个烽火台位于辽宁丹东虎山景区内的虎山长城之上，从烽火台上四顾望去，中国的鸭绿江大桥、马市沙洲和朝鲜的新义州尽收眼底。

　　山东沂蒙山景区是世界文化遗产——齐长城所在地，是国际著名养生长寿圣地，国家 5A 级旅游景区、国家森林公园。近年来，山东省基于齐长城及其沿线旅游和文化资源，有序开发沿线鲁山溶洞群、原山国家森林公园等 8 处国家 4A 级旅游景区和五阳湖、牛记庵等 17 处 3A 级旅游景区，大力推动建设红叶柿岩网红打卡地、锦阳关齐鲁古道、长城文旅小镇、梦泉涌泉长城山乡等重点项目。此外，山东文旅产业融合发展示范区的创建名单中包含所有齐长城范围内的申报单位。

参考文献

［1］温蕾，连季婷，韩劲 . 浅析长城经济带经济发展特征［J］. 统计与管理，2019（9）：5.

［2］李鸿宾，马保春，陈海燕，等 .《中国长城志：环境经济民族》，江苏科学技术出版社，2016.

［3］张柏，黄景略，朱启 . 遗址遗存 / 中国长城志［M］. 南京：江苏凤凰科学技术出版社，2016.

［4］中国长城学会编 . 长城百科全书［M］. 长春：吉林人民出版社，1994.

［5］魏敏，刘晓涛 . 长城，故国与家园［M］. 北京：五洲传播出版社，2021.

［6］连达 . 不一样的长城［M］. 北京：机械工业出版社，2021.

第四章 长城文化遗产保护

邱子仪 李 颖

长城现存体量巨大，分布范围也相当广泛，涉及 15 个省份，是我国重要的大型线性文化遗产，同时也是珍贵的文化和旅游资源。然而，长城也面临着艰巨的文化遗产保护工作：受自然及人为因素影响，长城本体的安全隐患日益显现；在长城周边的建设控制地带内，仍然暴露有违规建设项目，对长城的利用重开发轻保护管理等问题诸多；受管理模式落后、经费保障有限等原因的影响，长城的日常管理也存在诸多问题。因此，为规范长城利用，更好地保护和管理长城，政府和公众也采取了一系列的长城文化遗产保护措施。

第一节 法律法规

以健全长城保护体系，规范、合理地进行长城的保护性利用为目标，根据《中华人民共和国文物保护法》，制定了《长城保护条例》。《长城保护条例》是在 2006 年 9 月 20 日召开的国务院第 150 次常务会议上被通过的，并自 2006 年 12 月 1 日起施行。明确了在长城保护工作中要全力贯彻文物工作方针，始终坚持科学规划、原状保护等保护性利用原则，实行长城的整体保护与分段管理相结合的保护和管理模式。

在《长城保护条例》的基础上，各省份也根据自身辖区内长城文化遗产的特点，制定相应的适合本地区的长城保护条例。

甘肃省制定《甘肃省长城保护条例》。为了加强对长城本体的保护，维护长城周边环境风貌，规范对长城的传承利用行为，甘肃省根据《中华人民共和国文物保护法》和国务院《长城保护条例》等法律、行政法规，并结合甘肃省的具体实际，制定了《甘肃省长城保护条例》。并于2019年5月，在甘肃省第十三届人民代表大会常务委员会第十次会议上审议通过。该条例主要用于指导甘肃省内长城的依法保护、高效管理、科学研究和合理利用。条例在深入贯彻"保护为主、抢救第一、合理利用、加强管理"的文物工作方针的基础上，坚持"科学规划、原状保护、属地管理"的基本原则，积极实行长城遗产的整体保护、分段管理和逐级负责的管理模式。

河北省启动制定《河北省长城保护条例（草案）》。《河北省长城保护条例（草案）》在多次征求意见后，于2020年11月25日，在河北省第十三届人大常委会第二十次会议被二次审议，明确了保护原则、责任主体、经费保障、保护范围和建设控制地带、保护机构、利用原则、参观游览、禁止行为、工程建设、法律责任等核心内容，并对国家文化公园建设进行了阐述，对于进一步引导河北省长城资源的保护和利用，有序建设长城国家文化公园具有重要的指导价值。

山西省启动制定《山西省长城保护管理办法（草案）》。2020年9月23日，《山西省长城保护管理办法（草案）》首次公开征求意见；2021年1月21日，再次公开征求意见。《山西省长城保护管理办法（草案）》包含总则、保护管理、研究利用、监督检查、法律责任和附则六章三十七条内容，对长城的保护原则、保护责任、保护范围、保护机构、工程建设、禁止行为、科学研究、参观游览、处罚规定等核心内容进行界定，对于更好地实现山西省境内长城的保护和利用有极其重要的价值。

第二节　保护与利用机制

2019 年，由文化和旅游部、国家文物局联合印发了《长城保护总体规划》，这标志着《长城保护条例》的实施取得重要进展，这也是在国家统一部署，以及多方鼎力协作的基础上共同形成的重要成果。《长城保护总体规划》深入剖析了长城保护、利用和管理之间的相互关系，有助于推动长城保护传承利用长效工作机制的建成和完善，也为各省（区、市）继续推进长城保护工作提供了重要依据。

全面保存与重点保护相协调。遵循原址保护、原状保护的总体策略。对于绝大多数长城点段，重点是做好日常养护、局部抢险和标识说明等工作。对于价值突出的点段，遵循最低程度干预原则、真实性原则，在考古研究和参考的基础上，实施局部修缮加固，合理设置相关展示服务设施，以展示长城文化景观。

分级管理与分类保护相协调。中央层面抓好顶层设计，制定相关标准规范，为各地提供工作指导。地方各级政府切实履行属地管理责任，为长城保护提供制度保障和经费保障，切实加强日常管理及保护维修工作，整体提升开放展示水平。

政府主导与社会参与相协调。在政府主导的前提和基础之上，充分鼓励和发动社会力量积极参与相关政策和措施的制定和优化工作，大力支持各地探索性地设立长城保护员等相关公益岗位，招募心系文化遗产保护的志愿者以及社会团体等，主动参与长城相关公益服务，鼓励企事业单位参与，积极营造全社会共同参与的良好氛围。

遗产保护与传承弘扬相协调。在深入挖掘长城历史文化内涵的基础上，提炼长城作为世界文化遗产在新时代的文化价值，加强重要点段展示与弘扬，充分利用现代科技手段诠释长城文化、长城精神，打造重要文化载体，以坚定文化自信。

在《长城保护总体规划》的基础上，结合国家文化公园建设需求，国家文化公园建设工作领导小组印发了《长城国家文化公园建设保护规划》。强调以习近平新时代中国特色社会主义思想为指导，全面贯彻中共十九大精神，以长城沿线一系列具有鲜明主题，具有深远历史及新时代意义，具有深刻的文化内涵、文化价值和社会影响力的文物遗存和文化旅游资源为主要组成部分，整合长城沿线 15 个省区市文物和文化资源，按照"核心点段支撑、线性廊道牵引、区域连片整合、形象整体展示"的原则构建总体的长城国家文化公园空间格局，重点规划和建设管控保护区、主题展示区、文旅融合区以及传统利用区四类主体功能区。系统推进长城文物和文化资源保护传承、长城精神文化研究发掘、文化和旅游深度融合、环境配套完善提升、数字再现工程，突出标志性项目建设，生动呈现中华文化的凝聚力和创造力，强调科学保护、合理利用、弘扬传承，积极创新方法、完善机制、拓展思路，促进长城沿线各个省区市协调推进文物和文化资源的合理保护和传承利用，逐步形成一批可借鉴、可复制、可推广的优质成果经验，为全面做好国家文化公园建设和工作推进创造良好的条件。通过修订、制定相关法律法规，积极吸纳保护传承利用协调推进的相关理念，形成并逐步完善国家文化公园管理体制机制，逐步探索出一套符合实际的新时代长城保护和传承利用的系统机制，构建"中央统筹、省负总责、分级管理、分段负责"的工作格局，重点强化顶层设计，实现跨区域统筹协调，并积极地在政策、资金等方面为地方创造良好的发展条件。加强组织领导和政策保障之间的协调，广泛宣传引导，强化并督促落实。将长城国家文化公园打造为弘扬民族精神、传承中华文明的重要标志和符号。

第三节　保护与管理典型案例

2021 年 7 月，在第 44 届世界遗产大会上，联合国教科文组织审议通过了《长城保护状况报告》，世界遗产委员会将长城评为"世界遗产保护管理示范案例"。长城作为 255 项世界遗产保护状况报告中，仅有的 3 项荣获保护管理示范案例中唯一的文化遗产项目，成为我国继大运河在 2018 年获评"世界遗产保护管理示范案例"之后，再次获此殊荣的世界遗产，这也是对长城世界遗产保护管理工作成效的极大肯定。我国政府采取了积极、有效的举措用以保护长城文化遗产，积极发挥公众力量在长城文化传播推介方面的作用，注重遗产地保护与建设，设置专项保护立法，支持现代科学技术在文化遗产保护与传承利用方面的应用，加强国际交流与合作，积极缓解旅游压力。在政府和社会各界的共同努力下长城保护取得了显著的成效，使得长城文化遗产在得到妥善保护的基础上，突出了其文化传承作用和普遍价值。长城保护管理实践也为世界各国在开展大型线性遗产的保护工作提供了良好的经验借鉴，贡献出了"中国智慧"。长城文化遗产保护与管理中可圈可点的典型案例比比皆是。

一、打造北京箭扣长城、河北喜峰口长城研究型保护示范项目

打造以研究为导向的保护和恢复项目，包括探索人工智能、无人机和 3D 建模等在长城保护方面的应用，并在箭扣长城和喜峰口长城段启动实施。

（一）水下勘察技术，助力特殊环境下的长城勘测

1973 年，为引滦入天津、唐山，在潘家口外两山之间筑起大坝。大坝建成蓄水后，喜峰口西潘家口段部分长城被淹没到水下，形成了独特的水下长城景观。然而，由于长时间受到流水的侵蚀、冲刷、冻融等作用的影响，水下长城墙体多处呈现出孔洞、滑坡甚至坍塌等多种病害，长城维护和修缮面临前所未有的困难。

为了更好保护好长城本体遗存，河北省古代建筑保护研究所联合河北省水利勘察院，共同完成了长城潘家口段的现场勘测，利用无人机倾斜摄影测量技术、水下城墙声呐测量技术等现代科学技术，完成了区域地形图的测量等工作。并在此基础上由河北省建筑科学研究院完成了长城墙体勘察检测评估工作，同时完成了《河北省喜峰口西潘家口段长城综合勘察、稳定性分析评估报告》。项目以先进的水下勘测技术为依托，以前期勘测评估工作为基础，编制完成了《河北省喜峰口西潘家口段长城 4 号敌台及两侧城墙保护维修工程设计

方案》，为潘家口长城的维护和修缮提供了科学的指导。

（二）以三维建模技术助力长城病害分布规律的准确呈现

箭扣南段长城始建于明隆庆三年，现坐落于北京市怀柔区。在该段长城修缮过程中，利用无人机航拍技术对长城进行了辅助勘察，获得长城病害类型与病害范围的准确数据。并借助倾斜摄影测量技术，完成了长城本体三维模型的搭建，可以最直观地反映长城病害的真实分布规律，为病害的成因分析提供了科学的数据支撑。科技监测数据表明，该段长城存在几处大的坍塌部位，主要集中在地势较低的雨水冲刷面，同时城墙地面存在塌陷以及基墙外鼓的情况，主要处于两坡汇水点。基于实地勘察和科学判断，在最小干预的原则指导下，完成对该段长城的修缮。箭扣长城的修缮成为科技助力文物修缮的典型案例。

二、"长城保护联盟"成立

"长城保护联盟"成立，并向河北省当地社区提供了公共筹款援助；提高认识并加强教育外联活动。

为进一步加强长城保护工作，并将长城保护落到实处，使各地可以共享长城保护、研究、管理与利用方面的经验和成果，共同促进长城文化传播，整体提升长城旅游品质，在国家文物局的牵头和指导下，由中国文化遗产研究院、中国文物保护基金会等多家单位共同发起并成立了"长城保护联盟"。首批联盟成员单位共41家，主要包括以长城为主要旅游资源的全部5A级和4A级旅游景区，以及部分重要点段的保护管理机构、专业研究机构、企事业单位和社会团体，秘书处设在中国文化遗产研究院。"长城保护联盟"具有一定的公益属性，以长城保护为主要工作，积极开展长城保护相关的标准规范的制定和研究，着力推进长城保护工作向科学化、规范化发展，致力于传承中华优秀传统文化、弘扬社会主义核心价值观。

中国文物保护基金会联合腾讯公益慈善基金会共同发起了以"保护长城，加我一个"为主题的长城保护公益募捐项目，鼓励公私伙伴关系和筹资倡议开展保护活动，旨在引导更多人关注长城保护，扩大社会参与，推动公众参与长城保护实践，提升长城保护管理能力和水平。该项目受到了社会各界的积极关注，形成了一定的社会影响力。

三、推进中英"双墙对话"

加强国际交流与合作，搭建文明交流互鉴的平台与桥梁，为世界文化遗产的保护和跨国合作提供宝贵经验。

与大不列颠及北爱尔兰联合王国签署合作协议，2018年在英国举办了第一次研讨会，2019年在中国举办了第二次研讨会。

2017年，在国家文物局的支持和倡导下，中国文化遗产研究院和英格兰遗产委员会在英国伦敦兰卡斯特宫正式签署了《关于哈德良长城与中国长城的全面合作协议》。中英双方在万里长城与哈德良长城的研究、保护等方面开展广泛合作，旨在建立中国长城与英国哈德良长城之间的经验分享机制。2018年第一届"双墙对话——中国长城与英国哈德良长城保护管理研讨会"由国家文物局和英格兰遗产委员会在英国纽卡斯尔联合举办。2019年7月，在第43届世界遗产大会期间，"中英双墙合作"主题边会成功召开，由中国文化遗产研究院、中国古迹遗址保护协会、英格兰历史建筑暨遗迹委员会联合举办。对于两国长城之间的区别、修复方法的差异，会议都进行了有益的交流和探讨，让世界更好地理解我们对长城这个巨大线性文化遗产的保护。当地民众更是积极自主地加入长城保护员的行列，引领公众更好地理解和认识长城，并共同参与长城的保护工作，推动社会广泛参与。

第五章 长城国家文化公园管理与建设

李 颖 邹统钎

第一节 体制机制建设

一、国家层面

国家层面设立国家文化公园建设工作领导小组，由中宣部牵头组建，由中央宣传部部长任组长，国家发展和改革委员会主任、文化和旅游部部长、中央宣传部分管日常工作的副部长任副组长，20个相关部门的负责同志任成员。领导小组下设办公室，国家文化公园建设工作领导小组办公室设在文化和旅游部，由中央宣传部宣传教育局主要负责人任办公室主任。办公室成立国家文化公园工作专班，负责推进长城、大运河、长征、黄河国家文化公园的保护、建设和发展。

二、省级层面

从省级国家文化公园管理体制的设置情况看，长城国家文化公园所涉及的15个省（区、市）均成立了国家文化公园建设工作领导小组，其中天津、山西和新疆由副省级领导担任组长。天津市由副市长担任领导小组组长。山西省由副省长担任领导小组组长。新疆维吾尔自治区由自治区党委副书记担任领导小组组长；青海省采取双组长制，即由副省长和宣传部部长共同担任领导小组组长；河北、山东、河南、北京、辽宁、吉林、甘肃、宁夏、陕西、内蒙古、黑龙江省由宣传部部长任领导小组组长。省级国家文化公园建设工作领导小组均有下设办公室，其中，北京、黑龙江、陕西、甘肃省级国家文化公园建设工作领导小组办公室设在宣传部，天津、河北、山西、内蒙古、辽宁、吉林、山东、河南、青海、宁夏、新疆的省级国家文化公园建设工作领导小组办公室设在文旅厅。

三、市县层面

市县一级国家文化公园建设工作领导机构的设置不尽统一。市一级的国家文化公园管理体制设置中，各地多无明确要求，重点市均设有市一级国家文化公园建设工作领导小组和办公室。目前，市一级最为常见的是作为临时性协调机构的国家文化公园领导小组办公室。但也有多个城市创新性地设立了作为政府工作部门或事业单位的国家文化公园专门管理机构。

第二节　建设进展

长城国家文化公园的建设是一项庞大的工程，涉及15个相关省份，在体制机制、工程建设等方面的建设进展也不尽统一。基于2021年1月对各个省份的电话调研，梳理出了长城国家文化公园所涉及的15个省区市在体制机制建设、工程推进、资金来源问题与困惑等方面的基本情况，由于仅基于调研数据，并不完全代表实际的全部情况，各省区市的建设情况如下（截止到2021年1月）。

北京市成立了推进全国文化中心建设小组（1办8组），蔡奇任组长，在该建设小组下，增设了国家文化公园专项小组，专项小组由长城和大运河两个文化带建设小组组成。长城文化带建设小组，由文物局牵头。新设立的国家文化公园领导小组，由市委宣传部部长任组长，办公室设置在宣传部，无专门编制，无专项基金。

天津市于2017年成立天津市大运河文化保护传承利用领导小组，2020年4月调整为天津市大运河文化保护传承利用暨长城、大运河国家文化公园建设领导小组，由市委常委、常务副市长（分管发改委）任组长，包括相关部门和各个区，共30个部门，办公室设立在发改委。领导小组办公室之外，另设两个工作小组，分别为大运河保护传承利用专项小组和长城专项小组。其中长城专项小组由文旅局牵头。发改委在规划编制、调研方面拥有经费。

河北省成立了国家文化公园建设工作领导小组，省委宣传部部长任组长。办公室设在文旅厅。同时，设立长城国家文化公园专班，专门负责推进河北省长城国家文化公园的建设、协调和发展工作。相关经费主要为发展和改革委员会的文化保护传承利用工程费用和长城保护费用。

山西省成立了长城国家文化公园领导小组和黄河国家文化公园领导小组，皆由副省长任组长。办公室设在文旅厅。在人员和资金方面，均存在一定的困难。涉及的建设项目包括大同李二口、忻州（风景道—交通厅，长城一号公路）、朔州山阴月亮门。国家文化公园建设目前没有企业参与。山西省还发布了地方的长城保护法等条例。

内蒙古自治区成立了内蒙古长城国家文化公园建设领导小组，由自治区委宣传部部长任领导小组组长。目前主要是文旅厅文物局负责相关工作，同时也在向发展和改革委员会等有关部门开展移交和对接工作。具体工作由文旅厅的文物保护与考古处推进。内蒙古自治区也正在编制相关规划的建议稿，主要针对包头固阳的秦长城、呼和浩特清水河的明长城、秦汉长城等重要点段的建设。其中包头固阳秦长城这一段非常有特色，它是长城和黄河交界的一个区域，有重要的建设意义。在国家文化公园建设中，保护是第一位的，内蒙古自治区采取了许多新举措，尤其注重加强管控和保护，内蒙古自治区政府同各盟市签订了《长城保护工作责任状》，把长城保护的相关经费列入自治区的财政预算当中；向社会公众公开全区长城墙体、关堡等1万多处长城遗存的分布状况，并且明确保护范围；同时创新性地组建了长城保护队，改进了长城保护执法巡查模式，并在 2020 年，为全区长城沿线的 103 个旗（县、市、区），配备了无人机巡检设备。2020 年，国家和地方政府共向内蒙古自治区拨付了 2000 万元的长城保护资金，其中地方资金占 20%。但内蒙古自治区目前没有长城保护的专项资金，主要资金类型是文物保护修缮资金，一般是每年 1000 万元左右，2020 年较为特殊，长城保护相关投资力度较大，投入了 5000 万~6000 万元。同时，内蒙古自治区也在积极争取"十四五"文旅融合相关资金。

辽宁省成立了辽宁省长城国家文化公园建设工作领导小组，组长由省委宣传部部长担任，小组办公室设置在文旅厅，人员主要来自文旅厅、宣传部、发改委，省文旅厅设置有专门工作经费，但无人员编制。辽宁省无长城保护的专项经费，资金主要依靠原有的资金渠道，如文物、发改、交通类资金，在拥有这些资金的前提下进行规划立项等工作。辽宁省已下发实施意见，省委两办下发《辽宁省关于贯彻落实〈长城、大运河、国家文化公园建设方案〉的实施意见》，编制完成《长城国家文化公园（辽宁段）建设保护规划》送审稿，已经启动两个长城国家文化公园的重点项目市——丹东市、葫芦岛市的有关建设。2021 年 2 月 5 日召开全省的推进会，明确经费来源问题是相关项目建设中最核心的问题，还需要进行资源整合，形成合力，因为当前在基层单位尚未形成合作机制或有关合作机制不完善，个别地方的工作效果不是很好，个别地区重视程度不足。

吉林省成立了长城国家文化公园领导小组，省委宣传部部长任组长，办公室设置在文旅厅，领导小组有 20 个单位参加，但没有专项经费和专门编制。虽然制定了有关规划，受"新冠"疫情影响未能开展后续工作。吉林长城只有地基，没有墙体，开发国家文化公园的难度比较大。省级"十四五"规划中已经列出了相关建设纲要，并报送省发改委，具体怎么实施尚需细化。在国家层面上，通化赤柏松古长城和延边长城两段，主要涉及的是文物保护修缮工作。

黑龙江省成立了长城国家文化公园领导小组，按照国家框架规制，由省委宣传部负责，省委宣传部部长任组长，办公室设置在宣传部宣教处，由文旅厅资源开发处主要承担工作，但没有专门编制。为辅助领导小组工作，黑龙江省还成立了专家组。碾子山区成立金长城遗址保护工作小组和金长城公园项目推进领导小组。黑龙江目前已编制省级规划，2018 年提交建议稿，2020 年 6~7月基本定稿。项目建设经费主要从发改委申请，此外，中央预算内的资金，地方匹配 20%。黑龙江省长城有关项目已立项，2021~2022 年计划推进，其中碾子山项目已申报 2021 年发改专项。建设工作中存在的主要问题有四点：一是根据国家发展和改革委员会最新要求，省级项目需要在省级规划中体现，原来只需要县重点项目符合发改委要求即可，这为县级项目立项增加了难度。二是不确定项目整体推进是否需要涉密。因为规划密件向下传达时存在障碍，在理解文件思想和向下传达的过程中都存在问题。三是黑龙江省的金长城位于本省边界，和内蒙古自治区交界，开发旅游的先天条件不优越。保护和利用的关系方面，没有明确的抓手，开发比较吃力。同时，由于年代久远，长城的保存不够好，开发点不足。四是落实规划时涉及的面比较复杂。资金主要来源于发改委，然而数字在线、展现长城文化风貌等在文旅部和宣传部制定的规划中的建设要求却不在发改委支持的项目里，国家文化和旅游部也并没有相关资金匹配，因此申请经费立项比较难。在文物保护利用中，支持设施均为基础设施，地方政府无法提供专门设施加以保护。长城保护在文物保护下开展，但是有关保护项目的建设数量很少。

山东省设立了国家文化公园建设工作领导小组，省委宣传部部长任组长，共有 15 个部门参与其中。办公室设在文旅厅，办公室主任由文旅厅厅长兼任。山东省拥有长城和大运河两个工作推进组，长城推进组由文旅厅负责，大运河推进组由发改委负责。办公室作为临时性协调机构，主要由文旅厅资源开发处负责，目前主要有 1 人负责相应的协调工作。经费来源为发改委的文化保护传承利用工程和文物局的文物保护费用。

河南省于 2019 年设立河南省国家文化公园建设工作领导小组（包含 3 个部分），组长由省委宣传部部长、发改委主任、宣传部常务副部长担任，副组长由文旅厅厅长担任。办公室设在文旅厅，宣传部副部长担任办公室主任，文旅厅副厅长担任副主任。文旅厅设立了由6人组成的国家文化公园专班，其中1人为地方借调，其他为抽调人员。河南省计划设立有关基金，目前，经费主要包含发改委的文化保护传承利用工程和文物局的文物保护费用。

陕西省设立陕西省国家文化公园建设工作领导小组，省委宣传部部长任小组组长。此外，还设立了专家咨询委员会。国家文化公园建设工作领导小组为协调机构，各个厅局均为其成员，办公室设立在宣传部，负责协调推动工作，有关工作主要依赖现有编制工作人员，并没有全职负责国家文化公园工作的在编工作人员。陕西部分的长城国家文化公园建设由陕西省文物局牵头开展，长征国家文化公园建设由陕西省文旅厅牵头开展，黄河国家文化公园则由陕西省发改委牵头开展，陕西省委宣传部统筹。目前，长城国家文化公园建设保护规划已完成。镇北台被列为国家层面重点项目，盐场堡被列为省级重点建设项目。镇北台项目推进较快，已有立项和批复，但暂时没有明确的专项资金。交通、公园基础设施、文物保护等各个方面的财政预算或项目的审批是通过省里的渠道分别申请。在"十四五"期间，省级会在长城国家文化公园方面进行相关考虑，可能会有一些专项的资金，专门用于国家文化公园建设。国家文化公园建设需要一个强有力的协调和统筹机构，一般来说，这个机构需要有一个综合性的协调能力，能够把各厅、局全部能协调到一起。如果没有这个机构，有关工作很难推进。另外，市县层面没有认识到国家文化公园的内涵和重要性，这为目前工作的推进带来了阻碍。

甘肃省由省委宣传部牵头成立省国家文化公园领导小组，常委宣传部长任组长，分管副省长任第一副组长。宣传部、发改委、文旅厅主要领导任副组长。领导小组在宣传部下设办公室，共设三个专项组，长城专项组设在文旅厅，长征专项组设在宣传部，黄河专项组设在发改委。长城和长征的规划已基本完成，现在发改委也开始启动黄河方面的规划编制。有关项目也已开始实施，如长城的甘肃定西临洮县战国秦长城起点保护开发项目、长征的平凉界石铺会宁会师遗址项目等，文物本体保护以及文旅融合的项目也在推进当中。目前遇到的最大问题就是甘肃省整体经济相对落后，国家文化公园建设投入不足。保护角度上，一些文化资源本体，特别是长城本体的保护相对薄弱。此外，专门从事文物保护的人员，特别是长城保护的有关人员配置不足。甘肃省长城存量比较大，在长城长度上仅次于内蒙古自治区，可达 3300 多千米，可能是全国长城存量最多的省份。尽管甘肃省拥有包括关隘、隘口等大量遗存，但专门经费和人员的保障还是存在困难，暂时没有专项资金。长城的甘肃定西临洮县战国秦长城起点保护开发项目和长征的平凉界石铺会宁会师遗址项目，入选"十三五"文化旅游提升工程项目，得到国家资金拨付。其他项目的经费主要来源于省里审批的文物修缮保护资金等。国家文化公园建设还没有专门的资金来源。

青海省目前设立了省级层面领导小组。采取双组长制，分管文化旅游的副省长和省委宣传部部长任组长。4 名副处长由各厅厅长和发改委主任担任，此外还有 20 个成员单位。青海省还成立了领导小组办公室，文旅厅主管副厅长任办公室主任，办公室设在文旅厅。同时也成立了专班，设在文旅厅资源开发处，专门负责长城国家文化公园和长征国家文化公园的有关工作。黄河国家文化公园建设的专班设在规划处。市级相应成立领导小组，县上也设立有办公室，涉及 12 个长城区县。但有关工作没有固定的编制人员，目前通过抽调的方式解决人员问题。青海省已经编制了规划的讨论稿。青海省长城资源最丰富的西宁市大通县，以长城国家文化公园的名义，2020 年通过发改委渠道拨付 2000 万元。2020 年年底，申报了两个项目，分别获得资金 2000 万元和 2500 万元。青海省和河北省被同时列为长城国家文化公园重点建设段，但是青海省与河北省的差距较大，经济能力上的确更加薄弱，地方财政配套资金的获取也很困难。青海省希望得到资金支持，以帮助项目落地。

宁夏回族自治区于 2019 年年底由自治区党委成立自治区国家文化公园建设工作领导小组，党委常委、党委宣传部部长任组长，自治区政府分管副主席任副组长，成员单位是 21 个相关厅局和 5 市人民政府，办公室设在文化和旅游厅，办公室主任为自治区党委宣传部副部长，办公室副主任为自治区发改委分管领导和文旅厅分管副厅长。长城国家文化公园工作的负责部门设在文物保护处，长征国家文化公园工作的负责部门设在资源开发处，黄河国家文化公园工作的主要负责部门目前没有明确。市级的有关负责部门目前没有设置。人员配置上，目前并没有全职从事国家文化公园工作推进的编制人员。宁夏没有推进长城国家文化公园工作的专项经费。目前，建设和保护工作的资金来源主要是以下几个渠道：第一，建设保护资金文物局专项资金，如文物修缮费用；第二，发改委的一些公共基础设施建设资金；第三，自治区全域旅游建设资金。运行机构的运行管理方面，目前没有经费支持。2020年自治区财政拨付约7000万元资金用于长城、长征、黄河国家文化公园的相关建设。发改委目前还没有拨付相关资金。宁夏对分省设立管理区这个概念存在疑虑，公园的概念比较广泛，没有明确的边界，且长城、长征、黄河都是线性遗产，区域并不闭合，四大功能区也都有所交叉，对设置管理区目前还比较困惑，且存在困难。如果说具体涵盖的行政单位可以确定，但进一步明确的管理区，目前并没有确定。宁夏目前正在编制规划。有关项目以规划为主，因为还没有正式开始建设，管理方面目前还没有问题显现。目前的问题主要是项目推进方面的问题。盐池县长城体量占全区的1/5左右，保存状况也比较好，前期景区工作做得比较扎实，有相关项目的推进目前是文旅局代管。目前有关工作都由事业单位管理。宁夏的长城与河北的不太一样，宁夏的长城都位于郊野地区，冬季非常寒冷，资源条件不优越，招商引资也比较困难。2021年，宁夏回族自治区有10个有关国家文化公园的项目开展。

新疆维吾尔自治区已成立长城国家文化公园建设领导小组和办公室，自治区党委副书记任领导小组组长。还设立有专家委员会。人员配置方面，目前没有专门编制。新疆目前以专项债的形式，用6500万元投资建设了米兰遗址公园。麻扎塔格戍堡正在争取一些文物资金和援疆资金以开展建设。科大嘎哈世界文化遗产既是丝绸之路、长安天山廊道路网，也是重要的长城资源，因此得以建设一个世界遗产公园，由文物上的保护资金和当地旅游资金联合，建成一个景区。但需要反馈的问题是，现有的资金体系缺乏共建共享、融合发展的理念，国家资金拨付了地方资金就不能拨付，地方资金拨付了国家资金就不能拨付，这种资金分配的限制比较大。国家文化公园整体的打造，内部的如风景道的打造、一个景区的打造，都需要多方投资，需要国家的资金、自治区的资金、社会的资金共同支持。新疆关于国家文化公园工作开展中遇到的一些问题包括以下几点。第一，文旅机构的融合尚未达到体制机制的融合和观念的融合。目前在疏通观念问题上做了大量的工作，主要在保护和利用的观念上存在冲突。第二，传统的法律体系仍需完备。第三，存在"为了建公园而建公园"的问题。

第三节　开发利用经验借鉴

一、设立管理实体机构

国家文化公园县级管理机构的设置，各省、自治区、直辖市多无明确要求，但重点县多参照国家模式设立了国家文化公园建设工作领导小组和办公室，且多为临时性协调机构。河北迁安市设置了国家文化公园管理的实体机构，是县级城市中的首创。

河北迁安市设立长城国家文化公园管理中心，是国内首个县级国家文化公园建设保护实体管理机构。2020年11月，迁安市国家地质公园服务中心更名为迁安市长城国家文化公园管理中心（以下称"管理中心"），同时加挂迁安市国家地质公园管理中心、迁安市文化旅游发展中心牌子。管理中心为正科级事业单位，隶属于迁安市文化广电和旅游局，中心主任由市文化广电和旅游局局长兼任，经费为财政资金，人员编制16名。迁安市长城国家文化公园管理中心主要负责迁安市国家文化公园的管理、保护和利用，下设综合科、规划发展科、业务指导科、市场开发科等科室。

二、设立专项资金

在长城国家文化公园建设中，既有对原有资源保护利用等方面的专项资金，也有专为长城国家文化公园保护利用和建设而设立的专项资金，资金来源渠道既包括中央财政专设的补助经费，也包括地方财政专设的保护利用经费等。国家发改委对于全国国家文化公园重点建设项目给予 2000 万 ~8000 万元的资金补助；北京市每年长城保护经费约 1.2 亿元，河北省长城保护专项经费有 1500 万元。

三、设立专项债券

2021 年 2 月，文化和旅游部办公厅发布了关于进一步用好地方政府专项债券推进文化和旅游领域重大项目建设的通知。通知指出要逐步提高各级文化和旅游行政部门的认识，推动专项债券的发行工作，专项债券对于统筹财政收支以及优化政府投资等都具有重要的价值和作用，是目前推动国家文化公园发展的有利抓手。倡导各地积极发挥各级文化和旅游重点项目库的作用，积极做好项目储备和项目谋划的前期准备工作，遵从"资金跟着项目走"的相关原则，建立"实施一批、申报一批、储备一批、谋划一批"梯次发展格局。积极鼓励相关产业的发展，依托产业和市场发展的大趋势，并灵活地结合专项债券等手段，统筹谋划和积极布局"十四五"期间的重点项目。

新疆以专项债的形式投资约 6500 万元用于建设米兰遗址公园。当地文旅厅负责项目的融资与收益评估，编制债券发行方案，监督运营主体规范使用专项债券资金，履行项目建设、运营和维护责任。对米兰遗址开展保护性旅游基础设施建设，传承和传播长城文化、丝路文化与楼兰文化，弘扬民族文化的精髓，促进长城沿线地区文化交流。

第六章　长城国家文化公园发展面临的问题与建议

左　正　李　颖

第一节　主要问题

一、管理体制仍需完善

目前，为负责长城国家文化公园建设具体工作而设立的管理机构多与地方其他相关机构间存在管理协调问题。这种问题的来源之一就是管理机构的行政级别不足，行政职能也就相应欠缺，造成了管理协调不力的状况。

长城国家文化公园的建设地区与乡镇所管辖的区域有所重叠，所以不可避免地会涉及相关的乡镇事务。但某些管理机构的行政级别为正科级，同时乡镇领导也为正科级，这就造成了平级之间工作难以协调的问题，对某些问题也难以形成恰当的解决方案。另外，长城国家文化公园建设涉及文物、文旅、土地、公安、林草等多个部门。仅依靠文旅部门，确实难以协调众多平级部门。部分管理机构在办理整体区域的建设项目手续时，因与多个相关部门均为平级单位，协调不够顺畅，造成了手续无法办理齐全的问题。因而需要一个更具权威的上级部门作为协调机构，来进行统筹协调。

部分地区虽已成立国家文化公园建设工作领导小组，但并未成立长城国家文化公园建设相关的专门机构，也就无专职人员负责这部分工作，导致建设开展的延续性、稳定性受到影响。各地并没有统一的机构设置程序、规范以及具体安排，也都带来了一定不利影响。

二、资源的分散管理危害保护与建设

长城沿线遗产资源较为分散，且形态差异大，资源一体化尚未实现。具体问题包括但不限于所属界定不明确、重点区段与非重点区段分层分级不明确、边界长城归属权尚存在不明晰的情况。这为文化遗产的保护和长城国家文化公园的建设带来不利的影响。

跨越多个省级行政区的长城建设与保护工作受阻。例如，按照当下中线划分的管理办法，长城一半划归北京，一半划归河北。这对于文物保护和景区开发极为不利——涝洼段与望京楼段，因长城保护双方协调不利，目前处于无人管控状态；金山岭—司马台段，当年违背法律规范，擅自划归北京，为后期双方的矛盾埋下隐患，更造成金山岭—司马台段长城的景观割裂，双方文物保护工作进一步受阻。

《文物保护法》明确规定长城保护本体两侧 150 米为保护范围，可作为管控保护区的保护边界，但文旅融合区、传统利用区等区域难以划定明确边界。这种情况下，管理权限和发展规划就无法明确，主题功能分区的建设范围也难以确定。

部分长城遗址、文物古迹等位于地质公园、自然保护区、森林公园等区域内，其所属关系也有待厘清。同时，长城本体与周边其他文物、文化遗产的关系也需要明晰。此外，长城国家文化公园的建设范围与居民生活区存在重叠。部分段的长城与当地居民的生活联系紧密，部分人家依傍长城而建。关于长城保护和长城国家文化公园的建设同居民生活之间的协调问题，也有待解决。

三、缺乏明确文化定位

长城作为中华民族的象征之一，具有悠久的历史，对于文化传承具有重要意义。建设长城良好的形象，有助于提升中国人民的文化自信。同时，长城及长城文化作为具有国际意义的历史文化资源，有助于展现我国的文化底蕴和文化软实力，从而提升中华文化的国际影响力。长城国家文化公园在这一过程中扮演着重要的角色，它的建设是国家重大的文化工程，涉及长城文物保护、长城文化展现与长城精神弘扬等多个方面。

《长城保护总体规划》将长城精神总结为"团结统一、众志成城的爱国精神；坚韧不屈、自强不息的民族精神；守望和平、开放包容的时代精神"，这为长城的保护与管理、长城国家文化公园的建设等相关工作都提供了关于长城精神的统一标准。长城精神的具体内涵包括多方面内容，但长城在文化上的定位应该是统一的。长城尚未统一的文化定位也是长城国家文化公园建设过程中的一个不利因素。

长城地跨15个省级行政区，各地风貌、景观、历史及文化均有所不同，但总体来说，长城文化具有独特且鲜明的文化特色。给予长城明确的文化定位有助于更大限度地发挥长城在文化领域的意义和价值，进一步推动长城国家文化公园的建设进程，推动文旅融合及相关文化产业的发展。

四、尚需明确的政策法规加以引导

长城国家文化公园的建设，除纲领性文件外，尚缺乏明确的政策指引，也没有明确的准入政策。即使存在相关的政策，也会因为缺乏合理的解读，导致各级政策传达与理解上的不统一，进而延缓建设的进程。同时，长城国家文化公园建设的具体措施并不明确，可操作性不强，建设所应遵守的一套标准也尚未出台。

耕地红线以及国土空间规划强调的生态保护红线、永久基本农田保护红线、城镇开发边界，都是不可逾越的标准。但关于土地的审批、土地属性的划分以及相关项目的立项，各部门都有各自的标准。此外，长城国家文化公园的用地与许多部门的用地存在冲突，导致部分手续无法办理。加上目前国土空间规划的重新调整，在地方正式的规划落地之前，部分工作无法正常开展。需要明确各地对长城国家文化公园的发展规划是否与地方发展规划相协调，是否会造成矛盾，该如何协调各方利益，不同部门法律之间、不同规范之间又该如何协调，这同样需要有关政策的解答与指导。只有得到了明确的政策法规的指引，才能开展高效合理的建设。

长城国家文化公园的建设主要遵循文物保护的原真性、完整性原则，与沿线周边农田、林草，包括地方土地，都有着密不可分的关系。我国铁路、电网等线型资产的管理模式，无法适用。铁路与电网部门，只是拥有铁路线和电网线的管理权限，不涉及两旁的地方土地。按照《文物保护法》，曾经铁路公路不允许穿过长城，电网线路等也不允许穿过长城保护带。这样的规定在现实中不可行。

边界长城的身份问题和法律问题也有待相关政策法规明确。长城的构成要素分布、权属情况复杂，不明确的权属对长城的保护和长城国家文化公园的建设推进均有不利的影响，故而妥善解决长城权属问题、继续落实长城文化遗产保护等问题迫在眉睫，各地应切实坚持政府主导作用，积极调动社会参与的积极性，着力加强与经济、社会、生态、文化建设等工作的统筹协调关系，并积极通过推行合理的综合措施明确长城的权属，进而实现长城的全社会保护。

五、建设体量与进程问题

长城国家文化公园的相关项目建设，多为小体量的、碎片化的项目，很难形成链条，不完整的展示很难带来完整的观赏体验，也就难以保障长城国家文化公园的观赏性和功能。诸如此类的小体量的建设项目，自然无法凸显长城国家文化公园的整体风貌。孤立的项目建设也不利于完整展示当地的文化风貌。比如，大境门段长城过去曾是万里茶道的交会点，其周边融合元明时期、民国时期的多种建筑风格，也有较多文化遗址，因此，单个项目自然不能满足长城国家文化公园在这类区域建设的需求。

长城所跨地区较广，不同地区自然条件和人文条件都有差别，也给长城国家文化公园的建设带来困难。有的地区现存长城的保存完整性和可开发性较差，有的地区因自然条件较恶劣导致建设难度大。不同地区的地方政府和地方民众对于资源保护与开发的关系、文化与旅游融合发展的认识程度也不尽相同，因此长城国家文化公园的建设也存在一些意识层面上的阻力。上述这些差别也是导致长城国家文化公园各部分建设进度不协调的原因之一。

六、资金问题掣肘

长城国家文化公园的启动资金较为匮乏，所需的运营经费庞大。以山海关长城博物馆为例，年运营成本约 500 万~1000 万元。此外，相关管理机构的设置及运营人员的配置也需要大量的资金。

与大运河沿线城市不同，长城沿线地区大多财政吃紧。长城沿线部分区县的经济基础相对薄弱，建设长城国家文化公园的配套资金不足。

当前，文旅部门的资金多来自发改委或其他主体，且这类资金多为国家划拨的资金，而少有固定的专项资金，部分地区甚至没有专项资金的支持，规划经费和建设经费紧张，建设立项与申请经费的流程困难。资金的来源较少、分配受限等问题同样给建设长城国家文化公园带来阻力。

文物保护方面，长城虽有专项的文物保护资金，但涉及长城维护、长城巡查等的文物保护资金还是略显不足。

第二节　建议与举措

一、优化管理体制

在行政层面上，成立一个管理委员会，由市委常委宣传部部长出任管委会主任，副主任则由文旅厅的厅长或党组书记担任。各区由分管文化旅游工作的副区长负责，同时设立办事处主任，作为管委会的成员来共同协调、处理有关问题。并在管委会下设立一些常设机构（可以以事业单位形式存在），还可以设立相关分部门，如对外宣传联络部门、协助管理资金整合的部门等。长城国家文化公园建设工作的推进，需要设立一个明确的管理机构，它能够进行建设项目立项的保护、利用、开发等相关工作。

管理方面要提高站位，由宣传部主管，对工作进行综合性指导，加强对文化旅游及文物的管理、对相关部门的协调。无论是宣传部、文旅部还是文物部门，其接到的行政命令全部通过这一个部门进行对接。该部门要明确具体建设的实施需要怎样的权限，需要怎样的人力资源、物力资源和资金等。对于土地、属地的管理，相关职能人员的统一管理等，都要明确相关措施、规定等。不能允许责权分属不同部门的机构在实施建设时全靠临时协调，或是市里协调、属地协调等一系列协调活动推进工作。要把机构编制资源的优势发挥到最大限度，最终达到优化长城国家文化公园管理模式、提升长城国家文化公园管理效率的目的。

在长城国家文化公园管理委员会下设立实体办事机构，由上级部门对它的职责界限、管理范围、工作权限等做出明确规定。这种双向的管理机构设置有助于提高长城国家文化公园建设及后续工作在内的管理效率与管理效果。

关于长城国家文化公园的管理机构，要赋予其足够的行政权力。除了要赋予其应有的行政权力外，还要实实在在地赋予其能够推动建设工作的、调动协调各相关方的掌控权力。

明确分段负责、属地管理的思路。做好顶层设计，根据地方特色统一确立规划标准、立项标准、建设标准等，构建部委间的协调机制，并协调该机制与其他管理体制之间的关系，如协调与风景名胜区、自然保护区的管理条例所规定的管理体制之间的关系。

在文物保护方面，可以通过增加编制或部门借调的方式解决保护、巡查、维修等专业人士不足的问题；同时在保护区内严格管制、严防私搭乱建。在经营管理方面，坚持政府主导，国有企业运营和统筹管理。在运营机制方面，组建大众统筹的、综合协调的建设和管理机制，建立施工委员会等，下设具体办事机构。

长城国家文化公园的建设与管理要紧密依托地方，充分调动地方积极性，结合地方实际，谋求科学发展。对于长城国家文化公园相关工作的推进与监督，要采取一定的业务绩效考核机制，由此加大工作推进力度。

二、明确资源划归，推进资源一体化

（一）资源的划归与界定

关于长城资源的划归与分配问题，要明确责任主体。长城的构成要素分布、权属情况复杂，比如针对长城所属界定不明确、重点区段与非重点区段分层分级不明确、边界长城归属权模糊不清的问题，应当在完善落实当前《文物保护法》的基础上，强化统筹协调，加强沟通合作，以保护长城为统一目标。针对个别点、段，尝试优化现有的中线划分方法，改用分段划分的方法，科学划定归属，明确某一区段具体的责任单位。无论是文物保护，还是开发利用，都要先确定归属、确定权限、确定范围。

要划定长城国家文化公园的边界，明确职责。对于文旅融合区这类无法划定边界的分区，可以考虑不划边界，而将已有的项目纳入国家文化公园体系。在传统利用区内，为当地民众设置一定的激励机制或补偿机制，使其保持其所在地的原有风貌。

（二）资源一体化

长城国家文化公园建设是国家级项目，在长城资源上，应该实现"一体化"，进行统一规划、统一管辖，以推进长城国家文化公园统筹发展。包括各地管理机构的名称，除却地名不同外，其他都应保持一致。长城国家文化公园建设，应该规划出全程公园概念及重点片区概念，做到顶层统筹规划、各区段发挥各自特色、挖掘各自文化底蕴，形成"百花齐放"的局面，甚至是多形态合理竞争，避免引入商业化、市场化而导致"千城一面"。

在推进长城资源一体化的过程中，应注重运用现代科技手段，实现智能化管理。例如，采用信息化的方式，在一个统一的平台上对不同地区或区段的长城、不同部门主要负责的项目等各类信息进行再次储存与监督管理，以提升不同部门之间的信息传递效率和互相协调配合的能力，同时可以增强有关信息在一定范围内的透明度，一定程度上避免信息不明造成的纠纷。

三、统一文化定位，使长城文化深入人心

在国家层面，应该明确长城的文化定位，而不是让各省区市自行推广。这样既有利于扫清长城国家文化公园建设过程中有关工作的障碍，也有助于在中国人民心中树立起一个更加明确的长城形象。

"对于长城的保护不能仅仅局限于文物本体的保护层面，更要关注生活在长城周边的一代代的人，注重文化遗产与游客之间的情感交流，重视长城作为文化传承象征和载体的作用，注重长城文化内涵的合理阐释。"在突出长城精神、展现长城文化的同时，也要符合大众的需要，让文化走进游客的内心，避免曲高和寡，要真正以民众喜闻乐见的方式，建设长城国家文化公园的支撑项目，最大限度地展现丰富多彩的长城文化遗产。

基于长城资源进行文旅融合发展时，要注重突出长城的文化价值。着力打造长城国家文化公园这一文化或文旅品牌，采用诸如借助长城故事展现长城文化、融入与长城相关的文学艺术作品、借助大众熟悉的现代科技等方式，提升人民大众对长城国家文化公园的感知度和关注度，让长城精神与长城文化深入人心。

四、完善相关政策法规

根据《长城、大运河、长征国家文化公园建设方案》，要聚焦5个关键领域实施基础工程："推进保护传承工程、研究发掘工程、环境配套工程、文旅融合工程、数字再现工程。"这些工程的落实涉及多个部门的协调配合，其中各项目的落成也要经过不同部门间的商讨。相关项目的准入政策、主管机构和辅助机构的设置、建设过程中处理某些问题的准则等，都需要政策法规的

明确。

完善相关政策法规，尤其是要完善更加具体的有关规定，对长城国家文化公园的有关工作加以明确引导。例如，项目的审批流程与建设标准是怎样的、如何协调不同机构间的关系等问题，都需要相关政策法规加以明确指引与规范。在政策的传达和准确解读上也要设置一套统一的标准，以避免不同层级之间、不同部门之间在项目实施过程中存在信息误读或传播效率不高的状况，进而影响整个项目乃至整个工程的建设进度。同时也要根据不同区段建设的现实情况，出台适用于当地、该区段的政策法规，力求解决长城国家文化公园建设过程中出现的各类问题。

五、加大项目体量，减少建设阻力

长城作为中华民族精神文化的象征之一，一直有着"万里长城"的称号，其在中国人民乃至世界人民心中具有一种代表整个中华民族的整体性特征。长城国家文化公园的相关项目，应把体量建设得更大一些，以保证长城国家文化公园的观赏性和完整性。但是仍要基于现实情况，力求准确判断当地的长城区段实际状况和社会环境，在合理的范围内扩大项目建设的体量，避免资源的浪费。

建设过程应当充分利用现代科技手段，尽量减少自然条件带来的不利影响。对开发条件和保存完整度较差的区段，在建设时要注重遵守相关政策法规，协调好与当地有关机构的关系。此外，还可以采取措施促进当地社区参与长城国家文化公园的建设与后续保护，如针对某项目的建设征求当地社区的意见、选派社区居民代表参与项目建设的有关商讨、从社区居民中选择区段巡逻负责人等，都可以增加当地社区居民的参与，为建设长城国家文化公园提供力量。同时可进行关于诸如文旅融合、开发与利用的关系等观念的教育引导和宣传，协调好与当地民众的关系，减轻一些意识层面上的阻力。

六、国家资金与社会资金相结合

面对长城国家文化公园建设过程中的资金问题，建议采取国家资金与社会资金相结合的方式：以财政基础作为保障，加上社会资金的参与，并在政府的管理下保证资金的公共服务性，坚持保护为主，依法管理。在长城国家文化公园的建设上，国有企业可以和私企合作，根据"谁投资谁受益"的原则，吸引国家资金和社会资金共同投入。

国家资金应当适当考虑向经济基础薄弱地区倾斜。财政方面应设立专项资金，并开放投资通道。社会资金的投入，要注重设置良好的投资回报机制。长城国家文化公园的建设，应当创新商业模式，让企业敢于投资、乐于投资，从而推动长城国家文化公园的初期建设工作，真正发挥文旅融合的功能，同时带动长城沿线地区的经济发展。

社区资金也可以作为资金来源之一。长城国家文化公园附近的社区数量不在少数，它的建设并非也不应远离人民大众。社区资金投入长城国家文化公园的建设中既可以增加当地社区民众的心理所有权感，促进其更进一步参与相关建设及保护的过程，又可以调动起社区和相关部门、企业的联动，共同促进长城国家文化公园的发展。

参考文献

［1］中华人民共和国国务院新闻办公室．长城"三大精神"成为实现中华民族伟大复兴强大精神力量［EB/OL］．2019-01-24．

［2］新华网．专家：保护好长城建筑，挖掘好长城精神［EB/OL］．2019-11-01．

［3］新华网．探索新时代文物和文化资源保护传承利用新路——中央有关部门负责人就《长城、大运河、长征国家文化公园建设方案》答记者问［EB/OL］．2019-12-05．

第七章　国际案例研究

梁玥琳　陈新月

第一节　大型线性文化遗产

一、奥地利塞默灵铁路（Semmering Railway）

（一）塞默灵铁路概况

塞默灵铁路（见图7-1）修建于1848~1854年，以壮观的山地为背景，共41千米。从海拔436米的格洛格尼茨站开始，在海拔895米的山口上行驶29千米后到达最高点，在海拔677米的米尔茨楚施拉格站结束。它是铁路建设初期最伟大的土木工程壮举之一。高标准建设的隧道、高架桥等工程确保了这条线路能够持续使用至今。沿途修建了许多专为休闲活动而设计的精美建筑，景色十分壮观。

（二）遗产价值

奥地利塞默灵铁路于1998年入选《世界遗产名录》。塞默灵铁路是世界上第一条穿越高山的铁路线，因其修建之艰险，拥有桥梁、隧道之多，成为人类征服自然的象征；塞默灵铁路为早期铁路建设中主要物理问题提供了一套杰出的技术解决方案；随着铁路的建设，周围的自然景区变得更容易进入，因此这些周边地区被开发为住宅和休闲场所，创造了一种新的景观形式。

图 7-1　奥地利塞默灵铁路

图片来源：https://whc.unesco.org/en/list/785/gallery/

（三）开发现状

度假区开发模式：该遗产由奥地利联邦铁路公司管理，由铁路保护专家提供建议，联邦历史古迹保护办公室的专家提供监督。度假区开发了众多旅游项目，如坐在火车上听故事，游客可通过火车上安装的语音导览系统了解这条铁路的建造历史。塞默林地区作为经典的度假胜地，修建了许多用于休闲度假的精美建筑。同时度假区开发了高山滑雪、公路骑行等休闲娱乐项目。

（四）保护要求

遗产保护在国家、区域、地方三级进行，修订了包括缓冲区在内的分区计划。自 1923 年以来，它受到联邦一级保护（《奥地利纪念碑保护法》、第533/1923 号联邦法律公报及随后的修正案）。该遗产还受《保护世界文化和自然遗产公约》之《奥地利宣言》（联邦法律公报第 60/1993 号）的监管。周围景观受到省级保护，是生物圈保护区指定的一部分。有关水资源管理和森林保护的法律也正在筹划中。此外，该遗产由奥地利联邦铁路公司管理，由铁路保护专家提供建议，资金可从奥地利联邦以及下奥地利州、施蒂利亚州获得。鼓励通过公众的民主参与发挥控制和监督作用。

二、法国米迪运河（Canal du Midi）

（一）米迪运河概况

米迪运河（见图7-2）总长360千米，通过328个建筑物（水闸、渡槽、桥梁、隧道等）将地中海和大西洋连接起来。它建于1667~1694年，是现代土木工程最引人瞩目的壮举之一，为工业革命奠定了基础。运河的设计者皮埃尔·保罗·德里凯的设计使运河与周边环境融为一体，超越了技术的局限，使其成为一项杰出的艺术作品。

图7-2　米迪运河

图片来源：https：//whc.unesco.org/en/list/770/gallery/

（二）遗产价值

米迪运河是近代最杰出的土木工程成就之一；米迪运河在技术上的重大突破促进了工业革命和当代技术的发展，标志着欧洲进入一个通过掌握水利土木工程进行河流运输的重要时期；此外，它将技术创新与建筑和人造景观方面的美学知识联系起来，也是一件伟大的艺术品。法国米迪运河于1996年入选《世界遗产名录》。

（三）开发现状

开展运河观光游。设立自行车观光道、游船观光道、游船码头以扩展运河与周围环境的交通连接，开发"运河葡萄酒"等主题观光线路，并在遗产点的景观设计上做了细化处理。推动运河旅游与邻近的旅游点协同发展，从而形成面状的运河旅游带。

开展运河体育休闲活动。米迪运河及其沿岸区域为划艇、骑行、旱冰和沿河的远足等休闲体育活动提供了空间。运河上有大量游艇被用作家庭旅馆、剧场、展览场地或餐厅。大众体育运动收入和开展体育赛事获得的收益全部用于河畔植被恢复等运河保护项目。

开展遗产教育活动。组织开展运河历史及遗产文化教育活动，如参观考古遗址博物馆、中世纪古城、介绍水闸的运转方式等，向公众介绍运河两岸的自然景观和生物多样性等相关知识。

（四）保护和管理要求

国家实施一级的管理措施（《遗产法》《环境法》）来保护米迪运河。目前，法国将米迪运河的养护和管理工作委托给一个公共机构——法兰西航运局，奥西塔尼地区省长负责同法兰西航运局协调参与该运河的管理事务。为了保护运河两岸的景观，政府和管理者实施了一种保护和恢复运河景观特征的全球方法，主要是为了限制园林植物溃疡病的蔓延，最终恢复河岸树木的排列。

三、圣地亚哥—德孔波斯特拉朝圣之路（Routes of Santiago de Compostela：Camino Francés and Routes of Northern Spain）

（一）圣地亚哥—德孔波斯特拉朝圣之路概况

位于西班牙北部的四条基督教朝圣者之路是对 1993 年列入《世界遗产名录》的圣地亚哥—德孔波斯特拉之路（见图 7-3）的延伸。部分包括了位于巴斯克自治区拉里奥哈（La Rioja）和利艾巴纳（Liébana）境内近 1500 千米的道路，还包括一些具有历史意义的遗址如教堂、医院、旅馆以及桥梁，这些都是为了满足朝圣者需要而建的建筑。扩建部分包括一些早期通往圣地亚哥的朝圣路线，均是在9世纪圣·詹姆斯大帝（St. James The Greater）的坟墓被发现之后修建的。

图 7-3　圣地亚哥—德孔波斯特拉朝圣之路
图片来源：https://whc.unesco.org/en/list/669/gallery/

（二）遗产价值

圣地亚哥—德孔波斯特拉朝圣之路在伊比利亚半岛与欧洲其他地区之间的双向文化交流中发挥了至关重要的作用。它保留了所有基督教朝圣路线中最完整的材料登记册，以教会和世俗建筑、大大小小的飞地和土木工程结构为特色，是中世纪欧洲及以后所有社会阶层和血统的人们信仰的杰出见证。法国和西班牙圣地亚哥—德孔波斯特拉朝圣之路于1993年入选《世界遗产名录》。

（三）开发模式

数字博物馆开发模式。建立圣地亚哥之路数字博物馆，通过VR、高像素图片等向公众科普朝圣之路。

文化主题线路旅行。从靠近法国的边境出发，横跨西班牙的北部，最终抵达圣地亚哥，该文化路线受到许多徒步爱好者的喜爱。沿途可以看到众多村庄、教堂、树木、标记，最为出名的是"法国之路"，游客可以打卡拍照，体验当年朝圣者走过的路线。

（四）保护管理要求

根据 1985 年颁布的《西班牙历史遗产法》，圣地亚哥—德孔波斯特拉朝圣之路在历史建筑群类别中被认定为具有文化价值的遗产，这是最高级别的西班牙文化遗产保护。路线经过的自治社区都在各自的领土内定义了对该系列遗产的保护。路线是皇家遗产，建成的部分由私人、机构和公共部门共同拥有，缓冲区也是如此。系列遗产由詹姆斯委员会（Consejo Jacobeo）管理，该委员会的创建目的是促进保护计划和行动方面的合作；进一步推广和传播文化；保护和恢复其历史艺术遗产；规范和促进旅游业；协助朝圣者。

尽管有这些安排，仍需要采取系统行动来解决工业和城市发展、高速公路和铁路等新交通基础设施、旅游业和朝圣者人数增加带来的压力以及农村人口减少所带来的潜在威胁。监管措施和立法的执行以及新建筑的环境和遗产影响研究的发展都是至关重要的。

四、印加路网（Qhapaq Ñan，Andean Road System）

（一）印加路网概况

印加路网（见图 7-4）是覆盖 3 万千米的印加人通信、贸易和防御道路的网络。由印加人建造了几个世纪，在 15 世纪完成了最大扩张。这个杰出的路网穿过世界上最极端的地理地形之一，连接着海拔超过 6000 米的安第斯山脉顶峰和海岸，穿过炎热的热带雨林、肥沃的山谷和干旱的沙漠。印加路网包括 273 个遗产点，延续了 6000 千米，连同周边的贸易、住宿和存储基础设施、宗教场所一起代表了当时的社会、政治、建筑和工程成就。

（二）遗产价值

印加路网展示了世界文化区域内货物交换和文化传统交流的重要过程。它是印加帝国的力量在安第斯山脉扩张的象征。印加路网于 2014 年入选《世界遗产名录》。

图 7-4　印加路网

图片来源：https：//whc.unesco.org/en/list/1459/gallery/

（三）开发模式

该遗产采用社区参与型开发模式：以印加路网为核心，加强对文化遗产的保护和旅游线路的开发，促进文旅融合和区域旅游合作。通过建立印加帝国文明展、设立沿线演示系统、社区居民分享故事等方式向大众普及神秘的印加文明，增强旅游体验，吸引当地居民与游客广泛参与文化活动和遗产开发。

（四）保护管理要求

作为跨国系列财产，印加路网涵盖了 6 个国家和地区。2010~2012 年，参与缔约国签署了多项国际联合声明和承诺声明，强调他们同意以最高级别保护印加路网的各个部分，并在国家最高层面为所有遗产点提供保护。在国家范围内，为了延续与印加路网相关的生活传统，与当地社区合作开发了管理系统并制定了管理协议，强调在社区管辖的地区保留实际道路痕迹。2012 年 11 月 29 日，6 个缔约国高层签署了管理战略文件，为印加路网创建了一个总体政策框架。除此之外，各国还打算在区域层面为每个单独的部分制订道路网络管理计划，考虑到印加路网的一些地区是地震活跃带，所以将进一步把风险灾害管理以及游客管理战略结合起来。

五、丝绸之路：长安—天山走廊路网（Silk Roads：the Routes Network of Chang'an–Tianshan Corridor）

（一）丝绸之路：长安—天山走廊路网概况

丝绸之路：长安—天山走廊路网（见图7-5）是指丝绸之路东段全长约5000千米的部分。公元前2世纪～公元1世纪，丝绸之路从汉唐时期中国的中心都城长安（洛阳），一直延伸到中亚哲特苏地区。此项线性文化遗产包含了33处遗产点，它们是帝国和汗国的都城、宫殿建筑群、贸易聚居地、佛教石窟寺、古道、驿站、关口、烽火台、长城路段、防御工事、陵墓宗教建筑。位于中国境内的遗产为22处，另有8处遗产位于哈萨克斯坦境内，3处遗产位于吉尔吉斯斯坦境内。

图7-5　丝绸之路：长安—天山走廊路网

图片来源：https://whc.unesco.org/en/list/1442/gallery/

（二）遗产价值

丝绸之路沿线地理环境复杂，交通网发达，遗址类型多样。大规模的贸易活动推动了丰富的文化交流，以及大型城镇和城市发展。丝绸之路促进了公元前2世纪～公元前16世纪亚洲和欧洲大陆之间经济、文化和社会的交流。丝绸之路：长安—天山走廊路网2014年入选《世界遗产名录》。

（三）开发模式

引进"互联网+"技术，促进文化遗产的保护和文化故事的传播；建立丝绸之路文化遗产数字资源库，有效地实现数字资源的传播与共享。

鼓励社区参与，吸引公众居民参与安装监管设备、建立实时监测系统来保护丝绸之路沿线遗产点。

（四）保护对策

将丝绸之路文化遗产看作一个整体进行保护，以线状区域带动线上的各个点，有利于宏观调控和社会资源的集中使用。建立了多国家、多地区对丝路沿线文化遗产的保护合作机制——国际古迹遗址理事会西安国际保护中心，中心旨在通过国际协作推进丝绸之路沿线文化遗产的保护与研究，宣传文化遗产保护理念，为文化凝聚、维护全人类利益做出了贡献；依据《中华人民共和国文物保护法》，西安市颁布了《西安市丝绸之路历史文化遗产保护管理办法》来保护丝绸之路。

第二节　古代军事设施遗址

一、古巴圣地亚哥的圣佩德罗德拉罗卡堡（San Pedro de la Roca Castle，Santiago de Cuba）

（一）圣佩德罗德拉罗卡堡概况

圣佩德罗德拉罗卡城堡（见图7-6）是修建于古巴岛东南端岩石海岬上的多层石头堡垒。这座由堡垒、炮台、棱堡和军火库等构成的防御工事，依据意大利文艺复兴时期建筑原理修建设计，是圣地亚哥市的重要军事防御屏障。

图 7-6　圣佩德罗德拉罗卡堡

图片来源：https://whc.unesco.org/en/list/841/gallery/

（二）遗产价值

圣佩德罗德拉罗卡城堡及其相关的防御工程是为应对 17~18 世纪加勒比地区激烈的商业和政治竞争而建造的，应用了文艺复兴时期军事工程原理，适应了加勒比地区欧洲殖民国家的要求。它是一座经典的堡垒式防御工事，其边和角的几何形式、对称与比例是西班牙裔美国军事建筑学派的杰出代表。古巴圣地亚哥的圣佩德罗德拉罗卡堡于 1997 年入选《世界遗产名录》。

（三）开发模式

生态保护型开发模式：圣佩德罗德拉罗卡城堡是图尔基诺峰国家公园的一部分，以生态保护为主，旅游活动多为徒步、探险等轻生态游。

博物馆式开发模式：城堡自 1978 年以来一直被海盗博物馆（Museo de la Pirateria）占用，以宣传、教育为目的，由古巴圣地亚哥文化遗产省级中心管理。

（四）保护管理要求

圣佩德罗德拉罗卡城堡归古巴政府所有，由国家文化遗产委员会负责。它也是土尔基诺峰（马埃斯特拉山）国家公园的一部分，1978 年后被海盗博物馆占有。该遗产所在的国家公园编制了管理计划，除此之外，省文物古迹技术办公室和省自然规划管理局也制定了相关的规划。

为了保护该遗产的杰出价值，需要登记记录遗产的各个组成元素，解决处理威胁遗产及其环境的因素和污染源。就古迹的木质构件严重退化的问题，采取适当的保护措施以稳定墙壁。清除墙壁上生长的任何可能有害的植物；为这一活跃地震带制订减少风险和应急准备计划；并建立与这些和其他可能对杰出普世价值、真实性和完整性产生影响的行动相关的监测指标。

二、沃邦防御工事（Fortifications of Vauban）

（一）沃邦防御工事概况

沃邦防御工事（见图 7-7）由沿法国西部、北部和东部边境分布的 12 组防御建筑和设施组成。这项遗产由沃邦（路易十四国王的军事建筑师）修建，包括城镇、城堡、城市的堡垒墙和堡垒塔，还有山地要塞、海上炮台、山地炮组和两处山地通信设施。沃邦防御工事是西方军事建筑登峰造极之作。

图 7-7　沃邦防御工事

图片来源：https://whc.unesco.org/en/list/1283/gallery/

（二）遗产价值

沃邦在军事防御工事史上扮演着极为重要的角色。它的军用建筑标准模型在欧美大陆被模仿，沃邦的理论思想在讲俄语和土耳其语的国家中广泛传播，这都证实了沃邦防御工事的普适性。沃邦防御工事代表了人类历史上一个时期的军事建筑典范，是一件将思想应用到军事策略、建筑构造、土木工程和社会经济组织中的艺术品。沃邦防御工事于 2008 年入选《世界遗产名录》。

（三）开发与保护现状

由政府主导开发，在文物保护的基础上进行文化呈现，关注遗产的原真性和完整性。该遗产的各个方面保证了完整性和真实性。国家和地方当局的管理机构制定了完善的法律法规，对所涉及的自然和旅游风险提供了令人满意的保证和应对措施。目前已经在沃邦遗址网络内的遗产修复和改善领域积累了众多经验。

三、卢戈的罗马城墙（Roman Walls of Lugo）

（一）卢戈的罗马城墙概况

卢戈的罗马城墙（见图 7-8）修建于 3 世纪末期。城墙总长度 2117 米，高 8~10 米，城墙上有 85 个外部塔楼和 10 个大门，用以保护罗马的城镇卢克斯。

图 7-8　卢戈的罗马城墙

图片来源：https://whc.unesco.org/en/list/987/gallery/

（二）遗产价值

卢戈防御工事是西罗马帝国保存最完整的军事建筑范例。卢戈的罗马城墙明显保留了其原始布局和一半以上的原始塔楼和防御结构、大门、楼梯和其他元素，体现了遗产真实性和完整性，为考古研究提供了大量的证据。卢戈的罗马城墙于 2000 年入选《世界遗产名录》。

（三）开发模式

城市历史街区式开发模式：罗马城墙决定了城市的布局和发展，城墙包含 85 座外部塔楼、10 座城门（其中 5 座是原始的，5 座是现代的）。城墙包含 4 个楼梯和 2 个坡道，游客可由此通往城墙顶部。该遗产所在的卢戈市 1973 年被宣布为"历史艺术群落"，罗马城墙成为其中的标志性建筑。当地居民和游客都将它用作休闲娱乐场所并成为城市生活的一部分。

（四）保护管理

1921 年 4 月 16 日，国家认定卢戈罗马城墙为一项具有文化价值的资产，并为其文化价值提供了最高的法律保护。中央、省和卢戈市的合作是遗产保护的基础，卢戈市是遗产的所有者并直接负责遗产的修缮。卢戈市议会负责根据《卢戈市城墙及其影响区保护、修复和改造特别计划》的规定管理在城墙上开展行动。市政府已经开始了一系列旨在保护纪念碑的干预措施。

四、蒙巴萨的耶稣堡（Fort Jesus，Mombasa）

（一）蒙巴萨的耶稣堡概况

蒙巴萨的耶稣堡（见图 7-9）的设计师是乔瓦尼·巴蒂斯塔·凯拉迪（Giovanni Battista Cairati）。该工程修建于 1593~1596 年，占地 2.36 公顷，是葡萄牙人为了保护蒙巴萨港口而修建的。它是 16 世纪葡萄牙军事防御工事的典范。城堡的设计、建筑比例、墙壁及堡垒反映了文艺复兴时期的军事建筑理念。

（二）遗产价值

蒙巴萨的耶稣堡保留了它的形式、设计、材料以及真实性的环境，是 15~16 世纪军事和武器技术创新所产生的新型防御工事的杰出典范；耶稣堡是蒙巴萨的地标，也浓缩了蒙巴萨的历史，从葡萄牙人建立，到阿曼人、英国人，每次易手都留下了印记；见证了非洲、阿拉伯、土耳其、波斯和欧洲血统的人民之间文化价值观的交流。蒙巴萨的耶稣堡于2011年入选《世界遗产名录》。

图7-9 蒙巴萨的耶稣堡

图片来源：https://whc.unesco.org/en/list/1295/gallery/

（三）开发模式

公共博物馆的开发：以文化遗产为基础内容进行文化旅游开发、文物纪念品展示等，通过门票获取收入。人们可以在蒙巴萨博物馆参观不同时期的火炮以及民俗、殖民时期的文物，还陈列有中国郑和下西洋时期的文物。

（四）保护措施

蒙巴萨的耶稣堡于1958年被指定为国家公园，保护区包括堡垒本身和周围100米长的地带；2006年，耶稣堡被列入《国家博物馆和遗产法》。缓冲区已被正式宣布为保护区。肯尼亚国家博物馆作为其保护的主要利益相关者，已经为该财产制订了完善的管理计划。为了保护堡垒免受城市侵占以及避免堡垒周边地区环境和蒙巴萨老城周边地区的不当设计对遗产产生的负面影响，需要专门的管理机构和工作人员加强对沿海岩石侵蚀的控制，以及对堡垒本身的持续修缮和保护。

五、罗赫达斯要塞（Rohtas Fort）

（一）罗赫达斯要塞概况

谢尔沙阿·苏里在 1541 年打败了莫卧儿皇帝胡马雍之后，在罗赫达斯建立了一个防守森严的城堡。罗赫达斯要塞（见图 7-10）位于今天的巴基斯坦北部，是一个战略要地。这个地方从未被风暴袭击过，因而完整地保留到今天。这座城堡的主要防御工事由超过 4 千米长的厚厚的城墙组成，与棱堡相连，并建有宏伟的城门。

图 7-10 罗赫达斯要塞

图片来源：https://whc.unesco.org/en/list/586/gallery/

（二）遗产价值

罗赫达斯要塞融合了来自土耳其和南亚次大陆的建筑和艺术传统，为莫卧儿建筑及其随后的改进和改编创造了模型，是 16 世纪中亚和南亚穆斯林人军事建筑的一个特殊例子。罗赫达斯要塞于 1997 年入选《世界遗产名录》。

（三）保护管理

根据巴基斯坦伊斯兰共和国议会于 1975 年通过的《古物法》，罗赫达斯要塞是受保护的文物。旁遮普邦政府（印度西北部一地区）考古和博物馆总局负责罗赫达斯要塞的管理和保护。现代村庄占据的城墙内的土地也是政府所有，由考古和博物馆总局管理。堡垒围墙周围的缓冲区宽度为 750~1500 米，为纪念碑的设置和完整性提供了极好的保护。罗赫达斯堡垒保护计划由考古和博物馆部门以及喜马拉雅野生动物基金会于 2000 年发起，旨在帮助保护堡垒并将其发展成符合国际保护和旅游标准的遗产地。

随着时间的推移，要保持并突出遗产的普遍价值，就需要采取措施加强遗产的管理、保护和展示，特别是在堡垒和侵占区的排水系统方面，要遵照国际保护标准完成、批准和全面实施罗赫达斯堡垒保护计划并建立定期监测制度。

六、16~17 世纪的威尼斯防御工事（Venetian Works of Defence between the 16th and 17th Centuries）

（一）16~17 世纪的威尼斯防御工事概况

这项遗产（见图 7-11）由位于意大利、克罗地亚和黑山的 6 个防御工程组成，横跨意大利的伦巴第地区和亚得里亚海东部海岸，全程 1000 多千米。Stato da Terra 防御工事保护威尼斯不受其他欧洲列强的侵略，而西部的 Stato da Mar 部分则保护从亚得里亚海到黎凡特的海上航线和港口。

（二）遗产价值

火药的发明导致了军事建筑设计方式的转变，这种转变体现在防御工事的建造中，被称作"真主安拉现代化"。威尼斯防御工事是真主安拉现代化军事文化的杰出见证，具有非凡的历史、建筑和技术意义。这也表现在后来扩展到整个欧洲的星形要塞的建筑理念上。16~17 世纪的威尼斯防御工事于 2017 年入选《世界遗产名录》。

（三）开发现状

贝加莫威尼斯城墙是位于意大利贝加莫的遗产点，生态资源丰富、文化历史悠久，被誉为"文化艺术自然宝库"，城墙连同周围自然环境一起，成为游客休闲度假的好去处。

图 7-11　16~17 世纪的威尼斯防御工事

图片来源：https：//whc.unesco.org/en/list/1533/gallery/

　　帕尔马诺瓦堡位于意大利东北部，以其为代表的星形堡垒体现了军事技术的创新；帕尔马诺瓦历史博物馆保存了很多威尼斯防御工事建立以来的文物资料。

（四）保护管理

　　威尼斯防御工事属于跨国遗产，三个国家共同确立了法律保护框架，包括《文化遗产和环境保护法》。意大利的《文化和景观遗产法典》、克罗地亚的《保护和保存文化财产法》以及黑山的《文化财产保护法》都对遗产的保护做了相关规定。《跨国管理计划》由三个国家制订，游客管理计划、风险防范方案等也从跨国、国家、地方三级层面制订。

附件

附件1　长城国家文化公园分省体制机制及分省建设进展统计

表1　各地国家文化公园体制机制基本情况

省区市	领导小组	领导小组组长	办公室	长城国家文化公园建设相关专门机构	人员编制	经费
北京	已成立	宣传部部长	宣传部	无	无	无
天津	已成立	副市长	发改委	成立长城保护传承利用专项小组	无	发改委在规划编制、调研方面有经费
河北	已成立	宣传部部长	文旅厅	成立长城国家文化公园专班	无	发改委的文化保护传承利用工程；长城保护费用
山西	已成立	副省长	文旅厅	成立专家委员会	无	没有专项经费，规划费不到100万元
内蒙古	已成立	宣传部部长	文旅厅	成立专班	无	2020年国家和地方共同拨付了2000万元长城保护资金
辽宁	已成立	宣传部部长	文旅厅	无	无	无
吉林	已成立	宣传部部长	文旅厅	无	无	无
黑龙江	已成立	宣传部部长	宣传部	无	无	无
山东	已成立	宣传部部长	文旅厅	成立长城工作推进组	无	发改委的文化保护传承利用工程；文物局的文物保护费用
河南	已成立	宣传部部长	文旅厅	成立专班	无	计划设立基金

续表

省区市	领导小组	领导小组组长	办公室	长城国家文化公园建设相关专门机构	人员编制	经费
陕西	已成立	宣传部部长	宣传部	成立专家咨询委员会	无	没有明确专项资金，有交通、公园基础设施、文物保护等方面财政经费
甘肃	已成立	宣传部部长	宣传部	成立长城专项组设在文旅厅	无	没有专项资金。有国家"十三五"文化旅游提升工程项目资金，另有文物修缮保护资金等
青海	已成立	双组长（副省长和宣传部部长）	文旅厅	成立专班，长城专班设在文旅厅资源开发处	无	2020 年国家发改委拨付 2000 万元用于西宁市大通县长城国家文化公园建设
宁夏	已成立	宣传部部长	文旅厅	无	无	2020 年自治区财政拨付约 7000 万元资金用于长城、长征、黄河国家文化公园的相关建设；另有建设保护资金文物局专项资金；发改委的公共基础设施建设资金；自治区全域旅游建设资金
新疆	已成立	副党委书记	文旅厅	成立专家委员会	无	以专项债的形式 6500 万元投资了建设米兰遗址公园，另有文物保护资金，援疆资金

注：数据仅基于电话调研，并不完全代表全部情况，截至 2021 年 1 月。

表 2 各地国家文化公园建设推进情况

省区市	建设进展	相关法律	企业参与情况	困难和建议
北京	制定了规划；长城博物馆提升改造	无	政府和国企主要参与	缺乏固定机构；跨越两地的长城建设受制于河北无法开展建设；国家文化公园项目建设应该有标准，明确可干和不可干的内容

续表

省区市	建设进展	相关法律	企业参与情况	困难和建议
天津	制定了规划	无	政府、国企、社会资本共同参与	涉及多个部门，牵头部门和实施部门不统一，工作内容多头交叉，工作推动难度大。没有固定机构，没有赋权，工作量大人少
河北	制定了规划。中国长城文化博物馆、太子城遗址公园等重点项目建设	河北省长城保护条例	政府和国企为主	专班人员流动性大，缺乏固定机构和专门、稳定的人员。建议成立稳定的机构、队伍并形成稳定的工作机制
山西	大同李二口、忻州（风景道—交通厅，长城一号公路）、朔州山阴月亮门	地方长城保护法（地方条例）	无	上面没有规定做法，下面不敢做
内蒙古	编制规划建议稿，包头固阳的秦长城、呼和浩特清水河的明长城、秦汉长城等重要点段的规划、建设和推动	《长城保护工作责任状》	无	资金的问题和人员编制的问题
辽宁	下发了建设实施意见，编制规划，启动了两个项目	《辽宁省关于贯彻落实〈长城、大运河、国家文化公园建设方案〉的实施意见》（厅密法（2021-3号））	无	经费来源问题；资源整合，形成合力；个别地区重视度加强
吉林	制定了规划	无	无	开发公园难度比较大；涉及历史不倡导宣传
黑龙江	碾子山项目已申报2021年项目	无	无	现存长城先天条件不好，开发和利用问题多；申请经费立项困难
山东	制定了规划；红叶柿岩乡村振兴项目	无	政府和国企为主（鲁信集团）重点参与	无专门人员，无专门经费，协调机构推动难度大；应设立专门性管理机构
河南	制定了规划	计划出台黄河国家文化公园条例	政府和国企为主，社会资本参与	政策导向不明确、缺乏解读；对于如何建设，建成什么样缺乏标准。建议设立专门性管理机构

续表

省区市	建设进展	相关法律	企业参与情况	困难和建议
陕西	制定了规划，推进长城镇北台项目、盐场堡项目	无	无	需要综合协调机构，打破行业壁垒；市县层面对国家文化公园建设的目的和意义理解不到位
甘肃	基本完成长城国家文化公园规划，推进长城甘肃定西临洮县，战国秦长城起点保护开发项目	《甘肃省长城保护条例》	无	经费资金不足，人员不足，特别是长城保护人员缺口较大
青海	编制规划讨论稿，推进西宁大通县长城国家文化公园建设	无	无	经济基础相对薄弱，配套资金较为困难
宁夏	编制规划，推进长城盐池县项目	无	无	科学合理的规划相关项目方面问题；对分省设置管理区存在疑惑
新疆	推动米兰遗址等基础较好的项目建设，推动了博物馆等相关旅游开发点或者景区建设	无	无	文化和旅游的观念融合问题，文物保护与开发利用的观念冲突问题；为了建公园而建公园的问题；国家资金和地方资金单一来源的问题

注：数据仅基于电话调研，并不完全代表全部情况，截至 2021 年 1 月。

附件2 长城国家文化公园实地调研记录

2020年11月26~28日，中国文化和旅游产业研究院师生赴河北省张家口市、承德市、秦皇岛市，就长城国家文化公园的建设进行实地访谈调研，并走访了大境门段，金山岭段，山海关段长城，实地了解真实状况，并就当下管理机制、管理机构建设、有效的管理模式等问题，与当地一线负责领导和工作人员进行访谈交流。以下内容，就访谈和调研内容，综合整理三地长城的管理现状、存在问题、面临困难，以及就实际状况提出的解决建议，并形成如下调研报告。

一、张家口市长城国家文化公园调研报告

（一）张家口市长城国家文化公园建设情况

1.张家口长城国家文化公园管理体制建设情况

张家口成立的长城保护管理处，是目前全省唯一一个专门的长城保护机构，负责全市长城保护工作，目前有三个事业单位编制，承担主要的长城国家文化公园项目推进工作。张家口市还印发了《张家口市人民政府关于加强对长城管理的通知》，市政府分管副市长与各县区政府分管县区长签订了长城安全责任书，明确长城保护工作的责任和义务。聚焦主体功能区和文旅融合区的发展，谋划实施25个文旅支撑项目。聘请致力于保护长城的专家学者作为长城保护管理处特约研究员，召开年会，强化对长城保护利用工作的监督，推动长城学术研究工作。

2. 张家口长城国家文化公园项目推进状况

大境门段谋划项目 13 个，投资约 37 亿元。桥西区对大境门外西沟长城脚下空心村进行改造提升，打造西沟"长城人家"旅居带，在崇礼长城一侧赤城区域，借助长城历史文化景观优势，建成杨家村铭悦、林谷溪舍等民宿项目。聚焦主体功能区，总投资约 53 亿元，谋划实施项目 25 个：保护传承类 5 个、环境配套类 3 个、文旅融合类 14 个、研究发展类 3 个，还有太子城遗址保护利用及崇礼长城景观展示等 9 个项目，均列入长城国家文化公园（河北段）重点项目。

（二）张家口市长城国家文化公园建设存在的问题

1. 交叉管理，多头管理

机构改革以后，张家口长城管理体制的建设，并未改变其多头管理、交叉管理的现状，文旅系统内部仍然是多部门管理，而且是不同层级、不同权属、不同属地、不同职能审批的多头管理。以张家口市大境门长城为例，景区主管单位为桥西区大境门管理处，长城本体归市文物局，而来远浦景区归长城管理处（市属），两条商业街归张家口市建设发展集团，景区外围广场归城管执法大队。多项权属分归不同的市属部门、区属部门，还涉及属地管理、社区管理等多项内容。没有一个统一的机构对接各上级管理部门，统一行使职能。

2. 相关部门难以协调，管理标准不够明确

因存在多头管理，长城国家文化公园相关项目的审批、落地困难重重，很多手续难以办理。大境门段长城建设区域内，项目建设涉及生态红线，而关于红线问题，要和许多其他部门联系，一方面文旅部无权协调，另一方面没有相关政策指导，协调不利，推进极为困难。长城保护，不像水坝保护，有明确的坝体标准，长城保护没有标准，维修标准、巡护标准，全都不够明确。

3. 资金与项目体量问题

长城国家文化公园建设初期资金需求巨大，而张家口市，乃至长城沿线区县财政，难以支撑，仍需国家、省财政加大资金支持，特别是通过增发债券，促使谋划项目早日落地。长城相关项目建设投入大、产出小，"门票＋二次消

费"模式只能维持基本的运营成本，没有成熟的商业模式，难以吸引社会资本进入。就大境门段来远堡建设问题，市建发集团投资近9亿元，然而以当下的经营模式，年营收仅20余万元，不良的营收模式，难以吸引社会资本进入。目前正在谋划的项目，规模小，较分散，支撑文化公园建设整体形象仍显不足，对外展示效果不够明显。

（三）张家口市长城国家文化公园建设提议

1. 设立统一管理部门，整合相关职能

管理方面要提高站位，由宣传部主管，对工作进行综合性指导，具体办事机构放在文化和旅游厅，设一个常设机构，加强对文化旅游、文物，以及相关部门的协调。成立统一的主管机构（最好副处级），责权与职能全部统一，不论宣传部、文旅部还是文物部门等，他们的行政命令全都通过这一个部门进行对接，加快多种项目的管理与审批。

2. 成立管委会，设立协调机构与办事机构双向管理机构

在行政层面上，成立一个管理委员会，市委常委宣传部部长出任管委会主任，副主任由文旅局的局长或者党组书记担任，各区由分管文化旅游这一块的副区长来做，吸收包括大境门办事处主任这样的相关人员，作为管委会的成员来共同协调处理所涉及的问题，然后在这种管委会的下边设立一些常设机构，设立相关分部门，成立对外宣传联络部门，协助管理资金融合等这种分部门，然后这种部门它可以是事业单位。可以以长城保护管理处为基础，然后把长城保护管理处的职能扩大，成立一家事业单位，而非行政机构。

长城国家文化公园的建设工作的推进，需要一个独立法人性质的管理机构，它能够立项，能够进行保护利用开发。要明确需要哪些权限：人财物，包括属地，土地的管理，还包括人员的统一管理，要有足够的管理支配权限，不能让责权分属不同行政部门，办事全靠临时协调，市里协调、属地协调等一系列协调活动。因而，成立长城国家文化公园管理委员会，定位为行政机构，作为议事协调机构，下设实体办事机构，定位为事业单位，就叫国家文化公园，由上级规定它的职责界限与管理范围，对该机构责权都做出明确规定。

3.项目建设加大体量，符合民众喜好

长城国家文化公园的相关项目，体量应该大一些，小的、碎片化的小项目，恐怕难以支撑长城国家文化公园的观赏性、功能性，很难形成链条，形成完整性的观赏与展示。仅以崇礼段冬奥长城为例，1000 米的长城灯光带，从远处奥运山眺望，只是一个亮点，小体量的建设项目，无法凸显长城国家文化公园的整体风貌。以大境门段长城为例，这里过去曾是万里茶道的交会点，周边融合元明时期、民国时期多种建筑风格与文化遗迹，而孤立的某一个项目建设，难以完整展示当地的文化风貌。另外，在突出长城精神、展示长城文化的同时，也要符合大众化的需要，让文化走入游客内心，避免曲高和寡，才能真正以民众喜闻乐见的方式建设文化公园支撑项目，展现丰富多彩的长城文化遗产。

二、承德市长城国家文化公园调研报告

（一）承德市长城国家文化公园建设情况

1.成立专班，加强领导

承德市成立长城国家文化公园建设工作领导小组，由省人大常委任副主任、市委书记任名誉组长，市委常委、宣传部部长担任组长，市政府副市长任常务副组长，20 个市直部门和相关区县（市）区政府主要负责同志为成员。负责公园总体规划和建设方案审定，文化价值发掘，配套政策制定研究，重点项目审定决策以及整体工作的组织协调和推进。领导小组下设"一办四组"，即领导小组办公室和保护传承组，研究发掘组，项目建设组与生态环保组 4 个工作组，细化 27 项长城国家文化公园建设具体任务，逐项明确责任单位、质量标准和完成时限，建立工作台账，倒排工期，挂图作战，确保落实。

2.科学编制规划

聘请专业规划团队和业内专家组成调查小组，从文化、旅游、文物保护、传承利用等方面进行详细分析，实现对市内 540 千米长城及相关遗址、遗迹的规模、分布、走向、保存现状等基础信息的系统性掌握。

编制了《长城国家文化公园（承德段）保护建设实施方案》，规划共分：承德长城总体概况及文化内涵、总体要求、规划战略、功能区建设、保护方案、重点工程实施、金山岭长城重点区段建设专题、实施保障八部分，提出了"一带三区"整体空间结构，即明长城遗产保护带，以及燕秦汉金长城遗产保护区、金山岭长城文化遗产保护利用区、喜峰口长城文化遗产保护利用区。

3.项目推进落实，确保如期落成

共确定 14 个长城国家文化公园重点建设项目，1 个国家级重点项目（长城金山岭文旅融合示范区提升工程），7 个省级重点项目（长城金山岭文旅融合示范区提升工程、金山岭长城国家文化公园场馆建设工程、金山岭大型长城文化演出项目、卧虎山长城湿地公园项目、金山岭长城复合廊道示范项目、金山岭长城国家文化公园交通网络、蟠龙湖景区，包括喜峰口、潘家口等配套建设项目），计划总投资 173.9 亿元。

2020 年，计划开工 10 个项目，完成投资 36.8 亿元。目前，长城金山岭文旅融合示范区提升工程、卧虎山长城湿地公园建设项目、蟠龙湖景区（喜峰口、潘家口长城）配套建设等项目均已接近收尾；金山岭长城复合廊道示范项目 101 国道改造提升和景观打造、沿线河道景观改造、水系和服务设施提升等已经基本完成，偏桥高速口改造提升、金山岭长城高速互通建设项目正在进行方案审批；金山岭长城国家文化公园交通网络项目已建设完成长城风景二号线，其余工程正在进行方案设计；金山岭长城自然博物馆项目已经完成项目选址和规划编制，正抓紧完成各自项目建设手续，博物馆数字再现展厅和数字再现平台正在聘请专业数字再现团队进行方案设计；金山岭保护展示一期方案已上报省文物局，涝洼五道梁段长城抢先加固方案已获省文物局批复；金山岭大型长城文化演成项目已经立项，土地手续已经办理，正在进行编剧和舞美设计。

（二）承德市长城国家文化公园建设存在的问题

1.面临行政级别与行政职能不足

目前，承德市滦平县，设立金山岭经济特区管理处，负责长城国家文化公园建设的具体任务和具体工作。管理处的行政级别属于正科级，长城国家文化公园建设工作，与乡镇区域范围有所重叠，涉及相关的乡镇事务，乡镇领导也是正科级，平级部门之间工作难以协调。长城国家文化公园建设，涉及文物、文旅、土地、公安、林草等多项部门，仅以文旅部门来说，很难协调许多平级部门，因而需要一个协调机构，而且要以高一级别的行政机构，来进行统筹协调。目前管理处在负责整体区域的项目建设手续的办理，因为与多个相关部门都是平级单位，协调不够顺畅，手续无法办理齐全。

2. 长城资源分散管理，对保护与建设造成危害

长城资源一体化没有完成，按照当下中线划分的管理办法，承德市内的长城一半划归北京、一半划归河北，对于文物保护和景区开发，全都极为不利。涝洼段与望京楼段，因为长城保护双方协调不利，处于无人管控状态；金山岭与司马台段，当年违背现行法律规范，划归北京，为后期双方的矛盾埋下极大隐患。更造成金山岭—司马台一段长城的景观割裂，也造成两边文物保护工作的进一步受阻。关于边境长城，其归属权模糊不清，责任方与所有方都无法明确，没有一个更具权威的上级部门进行明确界定与规划，仅靠两个平级单位之间，很难达成解决方案。整个河北省内长城，有的是重点区段，有的是非重点区段，不能将所有长城都建成长城国家文化公园。那么，长城的重点区段与非重点区段，就需要分层分级，而且长城本体，与周边其他文物、文化遗产的关系，需要厘清。而边界长城，目前的身份问题与法律问题，有待更加明确的解决方式。

3. 文化精神层面，缺乏统一定位

长城国家文化公园建设，是国家重大的文化工程，涉及长城文物保护、长城文化展示与长城精神的弘扬。长城地跨 15 个省份，各地风貌、景观、历史以及文化特点，均有所不同，然而，长城精神的内核、内在精神的具体含义，是应该统一和明确的，应该从国家层面明确定义长城精神的内涵，而不是让各省市自行推广。

4. 政策法规方面，亟须明确指导

政策方面，长城国家文化公园的建设，除指导性文件，目前没有明确的政策指引。河北省境内，耕地红线、保护红线，以及马上将要上马实施的国土空间规划，都是不可跨越的保护红线。目前关于土地的审批，以及能否立项，国家既没有明确的政策指引，也没有明确的政策准入，关于土地类型、土地属性的划分，各部门都有各自的标准，长城国家文化公园的用地与许多部门用地存在冲突，导致许多手续无法办理，加上现在国土空间规划重新调整，在新的国土空间规划没有落地之前，许多工作无法开展。

长城国家文化公园的建设，依照文物保护原真性、完整性的原则，与沿线周边的农田、林草、地方土地，都有着密不可分的关系。我国成功的铁路、电网等线型资产的管理模式无法适用。铁道与电网部门，只是拥有铁路线与电网线的管理权限，不涉及两旁的地方土地。按照《文物保护法》，铁路公路一度不许穿过长城，电网线路等不许穿过长城保护带，这样的规定在现实中不可行。因而，长城国家文化公园的划定区域，与地方发展规划，是否会造成矛盾？该如何平衡、如何协调？不同部门法律之间，不同规范之间如何协调，都需要政策指导。

（三）承德市长城国家文化公园建设有关提议

1. 管理体制方面，高级别领导负责制度

在文旅部门加挂长城国家文化公园管理局的牌子，明确其具体的工作职责与工作内容。现行编制管理体制，不允许部门单位增加编制，可以考虑推荐高级别领导作为主要负责人，比如，给县一级的长城国家文化公园管理局安排副处级领导。采取一套人马、两块牌子的方式，由高级别领导兼顾统筹。关于长城国家文化公园的管理机构，要赋予其足够的执行权力。除了要赋予高一级别的行政权力（县级管理局给副处级行政级别）以外，还要实实在在赋予其能够推动建设工作的、调动协调各相关方的掌控权力。

2. 确定明确的责任主体

关于长城资源的划归与分配问题，应该由比河北省跟北京市更高一级的主

管机关出面，完善落实当下的《文物保护法》，尝试改变现有的中线划分的方法，改成分段划分，科学划定归属，明确某一区段具体的责任单位，无论是文物保护，还是开发利用，都要先确定归属问题，确定归属、确定权限、确定范围。

3. 推进长城国家文化公园统筹发展

长城国家文化公园，是国家级项目，在长城资源上，应该完成"一体化"，进行统一规划、统一管辖，包括管理机构名称，除却地名不同，其他都该保持一致。长城国家文化公园的建设，应该推行全程公园概念、重点片区概念，做到顶层统筹规划，各区段发挥各自特色，挖掘各自文化底蕴，形成百花齐放，甚至是多形态相互竞争，避免引入商业化、市场化而导致"千城一面"。

4. 建立良好财政制度

河北省经济相对落后，尤其长城沿线，多贫困县区，必定要采取国家资金与社会资本相结合的方式，国家资金，应该考虑适当向河北省倾斜，社会资金，应该让它有良好的投资回报机制。当前，文旅部门的资金多来自发改委，或者其他国家划拨的资金，而无固定的、专项的基金。文物保护方面，长城有专项的文物保护资金，然而关于当下的长城维修、长城巡查等，文物资金略显不足。另外，当下的旅游景区，普遍经营乏力，营收不足，长城国家文化公园的建设，应该创新商业模式，让投资企业敢于投资、乐于投资，推动国家文化公园的初期建设工作，真正发挥文旅融合的功能，带动长城沿线贫困区县经济发展。

5. 发展依托地方，建立考核机制

长城国家文化公园的建设与管理，要紧密依托地方，调动地方积极性，结合地方实际，谋求科学发展。对于长城国家文化公园工作的推进与监督，要采取一定的业务绩效考核手段，以此加大工作推进力度。

三、秦皇岛市长城国家文化公园调研报告

（一）秦皇岛市长城国家文化公园建设情况

1.成立建设工作领导小组

目前，成立了秦皇岛长城国家文化公园建设工作领导小组，负责市工作领导小组的日常工作。领导小组由秦皇岛市委常委、宣传部部长和市政府主管副市长任组长，市政府副秘书长、市委宣传部副部长、市旅游和文化广电局、市发改委主要领导任副组长及有关单位同志构成，办公室设在市旅游和文化广电局，负责公园总体规划和建设方案的审定、配套支持政策的研究决策、重大建设项目的审定与决策和整体工作的组织协调。市委、市政府出台支持秦皇岛长城国家文化公园建设的指导文件，对组织领导、规划实施、资源配置、招商引资、体制机制、政策措施等做出具体规定。考虑在市旅游和文化广电局加挂"长城国家文化公园（秦皇岛段）管理处"牌子，并增设内部机构，履行相关职能。

2.设立专家咨询委员会

市政府聘请长城考古、历史文化、工程建筑、城乡规划、旅游经济、民俗研究、文化传媒等领域的专家学者，组成秦皇岛长城国家文化公园建设专家咨询委员会，为秦皇岛市长城国家文化公园建设领导小组和沿线县区党委、政府的长城文化公园建设工作提供决策参谋和政策咨询。

3.规划四大功能区域

一是管控保护区：以长城为中轴，将秦皇岛223.1千米的明长城主体及两侧150米范围内规划为管控保护区。二是主题展示区：核心展示园布局2处——山海关关城防御体系文化展示园与板厂峪长城文化生态展示园。集中展示带规划2段：海港区义院口至抚宁区箭杆岭段长城、抚宁区石碑沟至卢龙县重峪口段长城。特色展示点规划11处：中国长城文化博物馆、山海关区孟姜女庙、山海关区八国联军营盘旧址、山海关三道关倒挂长城、海港区九门口水上长城、海港区董家口长城、抚宁区界岭口关城、抚宁天马山摩崖石刻、卢龙

县桃林口关城、卢龙县刘家口关城、青龙满族自治县韩杖子段长城。三是文旅融合区：规划建设山海关文旅融合区、秦皇岛北部山区文旅融合区及青龙冷口文旅融合区。四是传统利用区：以长城主体为轴线向两侧延展 5 千米，总面积大约 1100 平方千米。涉及 5 个县区、15 个乡镇、85 个村。依托村落风貌、人文景观，展示戍边文化、边塞文化。合理保存传统文化生态，适度发展文化旅游业和由文旅业带动并为之服务的特色产业。

4. 规划五大建设工程

坚持近期、中期、远期相结合，各县区、市直有关部门深入谋划了 57 个项目。省公园办按照统筹规划、整合资源、突出特色的原则，从市 57 个项目中选定了 15 个作为第一批省重点项目，编制完成了《长城国家文化公园秦皇岛段建设保护实施规划》。目前已通过专家评审，并启动实施了山海关八国联军营盘旧址保护维修及展示工程、山海关先师庙修缮工程等 8 个项目。

一是保护传承工程：实施长城本体文物保护工程，开展长城遗产管护和监测预警工程及长城文化展示工程。重点实施中国长城文化博物馆、板厂峪长城遗址公园、卢龙博物馆、山海关长城保护修缮及展示工程、八国联军营盘旧址保护维修及展示工程等 24 个项目。二是研究发掘工程：重点实施发掘整理长城文化故事的"长城记忆"项目，以拍摄专题纪录片形式情景再现秦皇岛长城重大历史事件的"长城影像"项目，以整理长城相关家谱、大事记等历史文献建立长城"家谱"项目、立项研究长城本体保养的"长城维护"项目、设置长城里程碑，实现一部手机游长城的"标注长城"项目以及长城文化研究等项目。三是环境配套工程：从严控长城沿线村庄风貌、长城管控区环境清理、保护自然地貌、保护植被水体、传承活化民俗、保护传承老地名、配套基础设施等方面全方位保护涵养长城文化带。重点实施长城旅游公路续建工程、山海关核心展示园提升工程、山海关古城及周边环境整治工程、山海关长城风景道建设工程、山海关长城社区参与工程、山海关长城文化产业园基础设施建设项目等 15 个项目。四是文旅融合工程：以文促旅，以旅彰文，构建文旅品牌、打造文旅融合载体、旅游产品文化化、文化产品旅游化、以文旅融合带多业兴和开发"长城优品"，推进长城文化旅游资源一体化开发。重点实施板厂峪长城民俗小镇旅游提升工程、车厂长城休闲小镇旅游提升工程，续建董家口长城戍边文化小镇，新建京东首关边塞小镇、台营至大新寨特色骑行小镇、抚宁长城文化观光采风基地，续建中国冷口青龙湾康养旅游度假区温泉小镇。续办长城文化节庆（中国山海关国际长城节、中国七夕爱情文化节、山海关老龙头二月二龙抬头文化节）等项目。五是数字再现工程。推进数字长城基础设施建设，"可阅读"长城建设。重点实施长城文物和文化资源研究与展示传播、山海关长城数据模型构建、数字长城智慧平台3个项目。

（二）秦皇岛市长城国家文化公园建设存在问题

首先，长城国家文化公园的主题功能分区边界无法划定。在《文物保护法》中明确规定长城保护本体两侧150米为保护范围，可作为管控保护区的保护边界，但文旅融合区、传统利用区等区域难以划定明确边界。如果不划定边界，则管理权限、发展规划都无法明确。此外，长城沿线遗产资源较为分散、形态差异较大，主题分区建设范围难以确定。

其次，长城国家文化公园的建设范围与居民生活区存在重叠。长城与秦皇岛地方居民生活联系紧密，许多人家依傍长城而建，关于长城保护与居民生活之间的协调关系，错综复杂。

再次，部分长城遗址、文物古迹等位于地质公园、自然保护区、森林公园区域内，其所属关系难以厘清。

最后，长城国家文化公园启动资金匮乏，所需运营经费庞大。与大运河沿线城市不同，长城沿线地区大多财政吃紧。以正在筹建的山海关长城博物馆为例，运营成本500万~1000万元。

（三）秦皇岛市长城国家文化公园建设有关提议

第一，明确分段负责，属地管理的思路。做好顶层设计，根据地方特色统一规划建设标准，构建部委间的协调机制，协调公园与其他管理体制之间的关系，如风景名胜区、自然保护区等。在机构设置方面，不必新增机构，只需在文旅局加挂长城国家文化管理局地方管理处的牌子。在经营管理方面，坚持政府主导，国有企业运营和统筹管理。运营机制方面，组建大众统筹的，综合协调的建设和管理机制，建立施工委员会等，下设具体办事机构。

第二，财政方面设立专项基金，并开放投资通道。以财政基础作为保障，加上社会资本的参与，由政府管理，保证其公共服务性，坚持保护为主、依法管理。在景区的建设上，可以由国有公司和私企公司合作，根据"谁投资谁受益"的原则，吸引社会资本和国有资本共同投入。

第三，划定长城国家文化公园边界，明确职责。对于文旅融合区无法划定边界，可以考虑不划边界，只将已有的项目纳入国家文化公园体系。在传统利用区内，给予百姓一定的激励机制或补偿机制，使其保持其原有风貌。

第四，在文物保护方面，通过增加编制或部门借调的方式解决保护、巡察、维修等专业人手不足的问题。同时在保护区内严格管制，严防私搭乱建。

项目统筹：刘志龙
责任编辑：李冉冉
责任印制：冯冬青
封面设计：中文天地

图书在版编目（CIP）数据

长城国家文化公园 ：保护、管理与利用 / 李颖，邹
统钎，付冰等主编． -- 北京 ： 中国旅游出版社，2022.1
（国家文化公园管理文库）
ISBN 978-7-5032-6883-0

Ⅰ．①长… Ⅱ．①李… ②邹… ③付… Ⅲ．①长城—
国家公园—建设—研究 Ⅳ．① S759.9912

中国版本图书馆CIP数据核字(2021)第273130号

书　　名：长城国家文化公园：保护、管理与利用

作　　者：李颖，邹统钎，付冰等主编
出版发行：中国旅游出版社
　　　　　（北京静安东里 6 号　邮编：100028）
　　　　　http://www.cttp.net.cn　E-mail:cttp@mct.gov.cn
　　　　　营销中心电话：010-57377108，010-57377109
　　　　　读者服务部电话：010-57377151
排　　版：北京旅教文化传播有限公司
经　　销：全国各地新华书店
印　　刷：北京明恒达印务有限公司
版　　次：2022 年 1 月第 1 版　2022 年 1 月第 1 次印刷
开　　本：720 毫米 × 970 毫米　1/16
印　　张：9
字　　数：130 千
定　　价：39.00 元
ＩＳＢＮ　978-7-5032-6883-0